GUIDE PRATIQUE

POUR ÉLEVER

LES CAILLES ET LES PERDRIX

(C.)

GUIDE PRATIQUE

POUR ÉLEVER

LES CAILLES, LES PERDRIX

GRISES ET ROUGES

LES COLINS OU CAILLES D'AMÉRIQUE

ET POUR LEUR FAIRE PRODUIRE

Aux Cailles, de 45 à 50 petits, et aux Perdrix, de 55 à 60

PAR

M. L'ABBÉ ALLARY

Curé de Gennevilliers (Seine), membre de la Société zoologique d'acclimatation

PARIS

LIBRAIRIE CENTRALE D'AGRICULTURE ET DE JARDINAGE

QUAI DES GRANDS-AUGUSTINS, 41

— AUGUSTE GOIN, ÉDITEUR —

1855

NOTE DE L'ÉDITEUR.

Dans la séance de la société zoologique d'acclimatation du 7 avril 1854, M. Allary, curé de Gennevilliers, et membre de cette société, lut une notice sur les cailles et les perdrix.

Pendant tout le temps de cette lecture, l'assemblée resta captivée sous le charme de cette diction douce et pure : de temps en temps, elle semblait électrisée par la nouveauté et la finesse des aperçus, par la simplicité et la justesse des observations de l'auteur; à la fin de la séance, l'assemblée tout entière éclata en applaudissements et en félicitations, et demanda à l'unanimité que ce travail fût reproduit *in extenso* dans son bulletin.

C'était là un beau triomphe pour le début du jeune auteur et une preuve bien évidente du mérite de son œuvre; surtout, si l'on veut bien remarquer que l'auditoire était très-nombreux et composé en général d'amateurs et d'hommes éminents dans la science.

Quelque temps après, plusieurs journaux, le *Siècle*, le *Cosmos*, l'*Estafette*, la *Presse* et bien d'autres, en rendant compte des séances de la société, ne manquèrent pas tous de ménager un mot d'éloge très-flatteur pour la notice de M. le curé.

Cette simple observation devrait suffire pour rendre cet ouvrage recommandable aux hommes sérieux et à tous les vrais amateurs; et pourtant, ce n'était là qu'une note prise entre toutes celles que l'auteur a eu occasion de faire durant le courant de sa vie, car toute sa vie il a aimé les oiseaux et en a fait une de ses plus douces occupations. Pendant seize ans il a eu une des plus vastes et des plus belles volières connues : là dans une foule de compartiments il a possédé jusqu'à 400 volatiles : toutes les nombreuses variétés de poules, de canards, de faisans, de perdrix, de tourterelles, de pigeons, d'oiseaux des îles et indigènes; tout prospérait à merveille sous sa direction. M. Florent Prévost, qui est un des hommes les plus experts en cette matière, a souvent visité les volières de M. le curé, et toujours il a admiré son ingénieuse industrie à faire produire tous ces petits êtres. La notice dont nous parlons avait été faite sur une bienveillante invitation de M. Geoffroy Saint-Hilaire, président de la société zoologique, qui connaissait l'auteur depuis longtemps. Ce n'était qu'un premier jet rapide mais consciencieux, nullement destiné à la publicité; c'est donc par respect pour le public et par reconnaissance pour la société et pour les journaux qui ont si bien accueilli son premier éssai, que l'auteur croit devoir aujourd'hui compléter son œuvre.

Il y a ajouté de nombreuses additions non moins curieuses et estimables que son premier travail.

Il y a de plus appliqué sa méthode aux perdrix et aux colins ou cailles d'Amérique, oiseau précieux qui tient comme le milieu entre la caille et la perdrix et prospère très-bien, depuis quelque temps, chez plusieurs amateurs aux environs de Paris, auprès desquels on peut se le procurer.

Tous les détails propres et particuliers à ces oiseaux et aux perdrix, pour les faire multiplier selon sa méthode, ont été soigneusement élaborés par l'auteur lui-même et intercalés dans chacun de ces articles.

Enfin, pour ne laisser rien à désirer, l'auteur à terminé son travail par deux tables; l'une générale, où d'un coup-d'œil on peut saisir et embrasser tout l'ensemble de l'ouvrage; l'autre, détaillée, analytique, au moyen de laquelle on pourra promptement et facilement trouver toutes les particularités que l'on peut désirer sur la matière.

J'ai enrichi ce petit ouvrage de figures qui rendent sensible à l'œil des détails souvent difficiles à comprendre sans ce secours.

GUIDE PRATIQUE

POUR ÉLEVER

LES CAILLES, LES PERDRIX

GRISES ET ROUGES

LES COLINS OU CAILLES D'AMÉRIQUE

INTRODUCTION.

Tous les amateurs, et surtout les chasseurs, auront sans doute remarqué, comme nous, combien les perdrix et surtout les cailles sont devenues rares et chères.

Cette vérité sera encore plus frappante, si on veut se rappeler ce qu'étaient ces oiseaux, ou bien s'en informer, il y a trente-cinq à quarante ans.

Mais ce qu'il y a de plus désolant, c'est que la rareté de ce gibier va en augmentant tous les ans; cette année, 1855, il est hors de prix; il faut payer une perdrix trois francs, et la caille, on n'en trouve pas, ou elle n'a pas de prix.

C'est donc aller au-devant des besoins de la société; c'est rendre un véritable service aux nombreux amateurs de ce gibier, un des plus délicieux que nous connaissions, que d'indiquer les moyens de doubler, de tripler même sa production.

Mais c'est surtout pour ceux qui n'aiment pas la chasse, ou ne peuvent se donner ce plaisir, que nous aimons à tracer cette méthode ; c'est pour le bon curé de campagne, pour le petit rentier, le petit employé.

Nous voulons leur découvrir le moyen d'élever des cailles et des perdrix aussi facilement que la fermière élève des poulets, même beaucoup plus facilement.

Et ils auront cet avantage sur les chasseurs, que, lorsque la caille aura disparu et que les perdrix seront devenues rares, lors même que la vente de ce gibier sera prohibée, leur volière leur fournira en tout temps des cailles et des perdrix à volonté.

Tout ce que j'avancerai, je l'ai expérimenté par moi-même pendant quinze à seize ans ; et dans tout cela, il n'y a rien d'extraordinaire, tout est simple, facile et à la portée de tout le monde ; seulement, il faut, cela va sans dire, certaines précautions, et surtout quelques soins réguliers et soutenus pendant un certain temps.

Ici, je crains que les mots : *soins soutenus*, ne soient pas bien compris et n'effraient beaucoup de monde, tandis qu'en réalité ce que je demande est bien peu de chose ; je ne réclame qu'une vingtaine de minutes par jour ; mais il faudrait accorder ces quelques minutes régulièrement tous les jours et avec un certain degré d'intelligence ou d'expérience [1], et voilà ce que

[1] L'expérience nécessaire sera bientôt acquise par une lecture réfléchie de ce petit ouvrage, et par un peu d'observation et de pratique.

j'entends pas soins soutenus ; voilà aussi, remarquez-le bien, en quoi consiste le secret et le moyen de réussir.

Voici en toute simplicité ces moyens.

Tout ce que je vais dire pourrait également convenir aux cailles d'Europe et d'Amérique, aux perdrix rouges et grises; cependant, pour simplifier le récit, je ne parlerai que de la caille; mais aussi, toutes les fois qu'il y aura quelque chose de particulier pour les autres espèces, je ne manquerai pas de le signaler et de le bien expliquer.

Pour bien atteindre notre but, c'est-à-dire pour doubler et tripler la production des oiseaux dont nous parlons, il y a des moyens pour les *faire pondre*, pour *mettre couver*, pour *faire couver* et pour *élever* les petits, de là, la division la plus naturelle et la plus simple de toute notre matière.

PREMIÈRE PARTIE.

MOYEN DE FAIRE PONDRE LE DOUBLE ET LE TRIPLE.

Pour cela, il faut 1° un local convenable; 2° des sujets bien choisis; 3° une nourriture appropriée; 4° et savoir à temps et à propos enlever les premières pontes.

CHAPITRE PREMIER.

Local convenable.

I. Choisissez dans une cour tranquille, ou dans un jardin, une belle exposition au levant, abritée du nord : c'est la meilleure (fig. 1.); construisez là une volière de 4, 5, 6 compartiments selon que vous

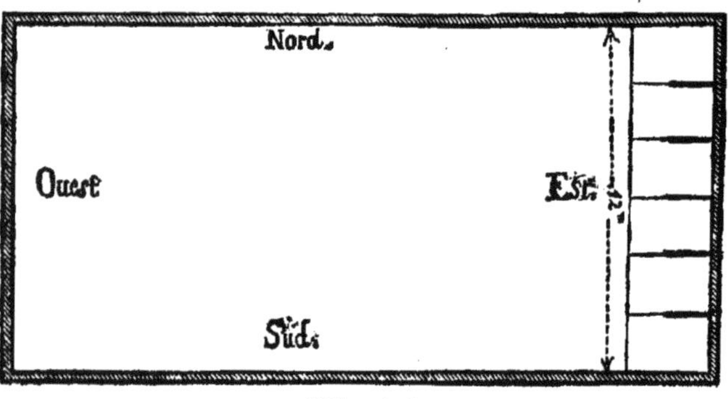

(Fig. 1.)

voulez avoir de couples producteurs ; donnez à chaque compartiment un mètre et demi de long, de large, et 1 mètre 80 centimètres de haut ; plus grands, vos parquets n'en seraient que plus favorables ; que la moitié du côté du mur soit couverte en planches et zinc, ou de toute autre manière propre à mettre à l'abri du mauvais temps ; que l'autre moitié sur le devant soit toute en grillage, côtés et toiture, et en grillage de fil de fer, ou fil de zinc, autant que possible, afin de donner plus d'air, plus de jour et de lumière ; afin de mieux laisser pénétrer la fraîcheur, la rosée des nuits (condition presque indispensable aux oiseaux que l'on veut faire produire), et de déguiser davantage les barreaux de la prison et les ennuis de la captivité.

(Fig. 2.)

Tout ceci pourrait peut-être paraître des minuties à bien des personnes qui n'ont aucune connaissance ou habitude des oiseaux, et leur faire négliger ces détails et ces précautions toujours fort utiles et souvent même indispensables ; aussi, je vais leur citer un fait qui leur prouvera combien j'ai raison, et me fournira l'occasion de donner quelques bons conseils. En 1853, un ami m'écrivit : « Mon cher, j'ai suivi vos bons avis, et cependant je ne réussis pas, mes perdrix ne pondent pas...» Quelques jours après je vais le voir; et, en entrant dans son jardin, et jetant un coup d'œil sur sa volière, je ne puis m'empêcher de lever les épaules et de lui dire : « Vous n'avez pas du tout suivi mes conseils :

« 1º Votre volière est dans une exposition des plus mauvaises; elle est au midi et au couchant. Eh bien! écoutez, vous allez comprendre qu'elle est très-mal placée : tous les oiseaux, et les vôtres comme les autres, désirent, recherchent et aiment les premiers rayons du soleil; cette douce chaleur les égaie, dissipe l'humidité et la fraîcheur des nuits. Les vôtres, placés comme ils sont, ne jouissent de ce bienfait qu'à midi, c'est-à-dire lorsque l'atmosphère est déjà très-chaude par elle-même; vos oiseaux reçoivent alors les rayons brûlants du soleil et y restent exposés jusqu'à son coucher. Pendant tout ce temps, leur volière est une vraie fournaise ardente, et, lorsque le soleil a disparu, ils passent presque subitement du milieu de cette chaleur au milieu de la fraîcheur des nuits quelquefois très-froides; tandis que ceux qui sont placés au levant, reçoivent, dès l'aurore, les premiers rayons du soleil, et, à midi, lorsque les chaleurs sont devenues trop fortes, l'ombre commence pour eux et va en augmentant graduellement jusqu'au soir, comme pour les préparer insensiblement au changement de la température. Vous comprenez maintenant ce premier défaut de votre volière; mais le plus grand, c'est qu'elle est trop basse, elle n'a guère plus d'un mètre; ensuite vos treillages en bois, vos montants, tout est trop massif, et votre volière ressemble trop à une prison ; elle est sombre, triste, et vos oiseaux s'y ennuient. — Bah ! bah ! les cailles pondent bien ! — Oh ! les cailles sont beaucoup moins difficiles que les perdrix ; et encore, elles ne me paraissent pas trop gaies, et je doute qu'elles arrivent au chiffre que je vous ai promis. » En effet, elles ne pondirent que 28 œufs. En 1854, mon élève suivit en tout mes conseils, et ses perdrix lui pondirent soixante-deux œufs et ses cailles cinquante-un, presque tous bons ; vous voyez donc, par cet exemple auquel j'en pourrais ajouter un grand nombre d'autres, que tous ces petits détails ne sont pas des minuties, comme on serait tenté de le croire au premier abord.

II. Béchez la terre qui forme l'aire de votre volière ; plantez en buis nain dans la partie découverte, car dans l'autre tout arbuste dépérit promptement ; des petits bosquets qui communiquent entre eux par des petits sentiers comme une double bordure de jardin ; faites ces bordures, partie en buis, partie en lavande ou thym ; garnissez les coins de la partie couverte d'un demi-cercle de buis ou de lavande ; car ce sont les endroits que les perdrix choisissent de préférence, comme les plus éloignés des regards et les mieux à l'abri.

Recouvrez votre terre, surtout si elle est un peu grasse, d'une bonne couche de sable ; ménagez-vous des petits carrés de gazon ou de verdure, dans la partie découverte plantez là aussi quelques arbustes toujours verts, à tige un peu haute, comme l'alaterne, le laurier du Portugal, des Indes, le laurier thym, etc., pour embellir le plus possible vos volières et leur ôter l'aspect d'une prison. (Fig. 3.)

(Fig. 3.)

III. Comme les perdrix rouges sont beaucoup plus difficiles que les perdrix grises, choisissez pour elles le compartiment le plus grand, le mieux aéré et le plus éloigné des regards; ce sera ordinairement le dernier au bout de votre volière : laissez dans ce parquet, le buis, la lavande un peu plus longs, donnez un peu plus d'étendue aux bosquets, aux allées; associez à tout cela un peu de bruyère, afin de leur offrir plus de fourré et mieux imiter la nature.

Surtout, tâchez de leur faire, avec de la meulière ou d'autres pierres, un rocher dans lequel vous ménagez à sa base, des petites grottes, des renfoncements propres à les mettre à l'abri et à les faire nicher ; et, pour que ces endroits soient encore mieux de leur goût, plantez au-devant quelques petits arbustes, ou un peu de bruyère, de lavande, en laissant toutefois un peu de jour et une issue facile pour entrer et sortir.

Que la pente de votre rocher ne soit pas trop rapide, mais qu'elle présente en tournant une montée aisée, et conduise de distance en distance à un ou deux petits plateaux de 12 à 15 centimètres de largeur, un peu recouverts par les saillies de la pierre et formant recoin, toujours du côté opposé aux regards. Là vous mettez un peu de terre, y semez quelques graines qui poussent vite, et vous êtes sûr de leur procurer ainsi un asile des plus agréables, où elles aimeront à aller se reposer et même à y nicher. Ceci se comprend facilement, quand on a quelque connaissance des mœurs de ces oiseaux ; les perdrix rouges aiment les coteaux, c'est là que vous les trouverez toujours, et un rocher disposé comme nous venons de l'indiquer, leur fait une certaine illusion ; elles se croient en quelque sorte encore sur leurs coteaux.

IV. Les cailles d'Amérique ne sont pas plus difficiles que les cailles d'Europe, le même local les satisfait.

V. Nous avons demandé une volière un peu grande et surtout un peu haute; et nous avons vu que cette hauteur était très-utile, et souvent même nécessaire; il serait pourtant dommage de conserver un aussi grand espace à deux oiseaux surtout qui restent toujours à terre; le haut semble alors inutile et perdu en vain : voici un moyen de l'utiliser, de vous procurer un certain bénéfice et beaucoup d'agrément. Ce serait de placer dans chaque compartiment (comme je l'ai toujours fait) avec les cailles ou les perdrix, deux ou trois couples d'oiseaux qui sympathisent bien entre eux et produisent en volière. Je vais vous indiquer ceux qui réussissent le mieux et que l'on peut trouver à Paris, chez Levaillant, Fontaine, Barra et autres oiseliers. Mais, pour bien vous guider dans tout cela, il faudrait, sur le choix de ces oiseaux, sur la manière de les soigner, de placer leurs juchoirs, leurs mangeoires, les nids propres à chacun, etc., tout un monde de détails qui seraient ici trop longs et hors du sujet principal. Je ne puis que vous renvoyer à un grand ouvrage où j'ai réuni, je crois, tout le fruit de ma longue expérience, et où l'on trouvera tout ce que l'on peut désirer sur cette matière avec les plus minutieux détails : cet ouvrage est intitulé : *Guide de l'amateur des Volières,* chez le même éditeur. Voici les oiseaux que je vous conseille; je vous en nomme assez, afin que vous puissiez choisir, et prendre ceux que vous pourrez trouver plus facilement. Vous pourriez mettre ensemble une paire de gros, une paire de moyens et une paire de petits, selon que cela vous sera facile.

GROS. LA PAIRE.		
Tourterelle du Cap. . .	25 à	30 f.
— à nuque perlée.	50	59
— d'Afrique . .	20	25
— des bois. . .	10	
— blanche. . .	6	8
Cardinal gris huppé. . .	35	40
— gris non huppé .	35	40
— rouge	35	40
— jaune.	40	45
Mauvis. petite grive . 6	8	12
Péruche ondulée. . . .	140	150
— inséparable. . .	30	40
MOYENS. LA PAIRE.		
Serins hollandais . . .	25	30
— Toudi de l'Inde. .	20	25
— Ministres. . . .	15 à	20 f.
— Cou-Coupé . . .	12	
— Pada	12	15
PETITS. LA PAIRE.		
Cordon-Bleu.	12	15
Bengali moucheté . . .	12	15
Astrilds du Sénégal. . .	12	20
— Sainte-Hélène . .	12	20
— Sénégali joue orange	12	20
— — ventr. orang.	12	20
— — bec d'argent.	10	
— Capucins. . . .	10	
— Hirondelle-Java .	10	
— Dominos. . . .	10	

Je vous donne les noms sous lesquels ces oiseaux sont généralement connus chez les oiseliers, j'y ajoute le prix ordinaire; mais ces prix changent souvent; il y a des années où telle espèce est fort rare, n'arrive pas, et alors le prix monte selon la rareté.

Ces prix sont un peu élevés, sans doute, mais aussi vous revendez votre produit en proportion de ce que vous avez achetés les pères et mères.

CHAPITRE II.

Choix des sujets.

I. S'il est important d'avoir un local bien préparé, il l'est encore plus de savoir bien choisir les sujets qu'on veut y placer pour faire produire.

Voici ses qualités essentielles : *jeunes*, *bien portants*, élevés en case ou en volière.

La première année, il est un peu difficile, cela se conçoit tout d'abord, de se procurer des sujets qui réunissent ces trois conditions; car il faut les acheter, et je sais par expérience toutes les déceptions qu'on éprouve même en prenant les plus grandes précautions; cependant il y a un moyen de réussir, c'est de s'adresser directement à des amis, à des amateurs qui font des élèves, et de vous arranger avec eux pour avoir vos sujets.

La seconde année, lorsque vous avez fait vous-mêmes des élèves, cela vous devient très-facile; encore faut-il savoir s'y prendre : pour cela gardez, jusqu'au mois de mars ou d'avril, deux paires au moins de chaque espèce, afin que si, pendant cet intervalle, il vous arrive quelque accident, que l'un soit un peu maladif, un autre pas bien ardent, vous puissiez au moins sur votre réserve choisir une bonne paire; puis vous mangez, donnez ou vendez les autres, et quelquefois vous obligerez beaucoup ainsi un ami ou un amateur.

II. Jusqu'à cinq, six ans, vos sujets sont bons pour travailler; quelquefois ils baissent bien avant cet âge; on s'en aperçoit facilement à la ponte; on peut même avec un peu d'expérience au retour du printemps le prévoir avant la ponte : on le devine à leur air, à leur pose, à leur allure : on voit s'ils sont gais, alertes, ardents. Lorsqu'on a quelque doute, on les prend, on voit s'ils sont bien en chair, bien nourris, bien frais au bout de quelques années d'expérience un coup d'œil vous suffira pour le découvrir.

III. Les sujets pris au filet souvent ne réussissent pas bien ; ils sont toujours un peu farouches, à moins qu'une longue captivité n'ait adouci leurs mœurs, mais souvent cela arrive au détriment de leur santé ou de leur ardeur.

Les sujets élevés en case ou en volière sont toujours préférables ; cependant j'ai très-bien réussi, et à plusieurs reprises, avec une femelle élevée en volière et un mâle pris au filet ; mais seulement pour les cailles ou les perdrix grises, car pour les perdrix rouges je n'ai jamais pu réussir qu'avec des sujets élevés en domesticité, et ce sont les oiseaux, avec les *roitelets ou troglodytes*, sur lesquels j'ai fait peut-être le plus d'expériences.

CHAPITRE III.

Soins à donner.

I. Si vous désirez, comme je n'en doute pas, avoir des oiseaux bien portants, bien productifs, il faut bien vous convaincre que c'est principalement par les petits soins réguliers et assidus de tous les jours que vous y parviendrez : renouveler exactement leur nourriture, leur eau, la verdure, les tenir bien propres, voilà leur santé et tout le secret de réussir, et tout cela n'est ni difficile ni long à faire, seulement il faut donner ce peu de temps régulièrement, et à la même heure autant que possible, et lorsque vous ne pourrez pas par vous-mêmes, avoir grand soin de vous faire bien remplacer.

II. Pendant l'année la nourriture de vos oiseaux doit être bonne, saine, abondante, mais peu échauffante : un mélange de blé, de sarrasin, de millet, d'orge et de seigle en petite quantité, et quelques graines de chènevis, voilà la nourriture ordinaire et convenable.

Cette variété de graine leur platt, excite leur appétit, les amuse et les console un peu de leur captivité; de plus elle les rend gais et bien portants.

Que vos oiseaux ne fassent jamais beaucoup de restes; quand vous remarquerez qu'ils en font un peu trop, diminuez leur ration, et chaque deux jours, videz et nettoyez à fond leur mangeoire; donnez les restes à vos poules.

Tenez-vous en garde contre le chènevis; ils en sont tous très-friands; mais il les échauffe trop, les dégoûte de toute autre nourriture, et finit par les rendre maigres, étiques et improductifs. En petite quantité, il active et pousse à la production, c'est ce qu'on fait au printemps; en trop grande quantité, il nuit à la santé et à la fécondité; vous aurez souvent alors des pontes plus précoces, plus hâtives, mais moins abondantes et presque toujours des œufs clairs; tandis qu'en mélangeant convenablement leur nourriture, vous avez toujours des oiseaux bien portants et bien féconds, et c'est ce que nous voulons avant tout.

III. Renouvelez aussi souvent leur eau; ne vous contentez pas seulement de jeter celle qui reste et d'en mettre de nouvelle; mais, tous les deux jours, lavez bien avec un petit balai leur plat ou leur bassin, et remplissez-les d'eau propre et fraîche.

IV. N'épargnez pas la verdure; vous voyez qu'en liberté ils en ont tous les jours et à volonté; imitez donc en cela la nature, et, quand vous en manquerez, donnez, pour en tenir lieu, du chou vert ou blanc, de la chicorée, des navets, des carottes, des betteraves, etc.

Ayez soin de mettre votre verdure dans des râteliers faits pour cela[1]; autrement, dans un instant, ils vous l'auront trépignée et gâchée; ils auront même sali de ses débris toute leur volière; puis, le reste du temps et souvent au milieu des plus grandes chaleurs, ils seront obligés de s'en passer; tandis que, placée dans des râteliers, ils ne pourront en prendre qu'au fur et à mesure qu'ils en mangeront, et ainsi ils en auront dans tout le courant de la journée.

V. Aussitôt que le moment pour l'émigration des cailles, en automne, est venu, il faut, avec une toile bien tendue, faire un second toit, à quinze à vingt centimètres au-dessous du premier, pour les empêcher de se tuer ou de s'abîmer la tête; car, pendant tout le temps que dure cet instinct ou cette passion d'émigrer, elles s'élancent en l'air avec une force à se fendre la tête.

J'en ai eu qui avaient la tête en marmelade et continuaient encore leurs élans tant qu'il leur restait des forces.

[1] Dans le *Guide de l'amateur des volières*, nous avons donné les dimensions, la forme et le modèle de tout cela.

L'époque de ce départ n'a rien de fixe; elle dépend du pays qu'elles habitent, du plus ou moins de rigueur de la température, et surtout de la direction du vent; c'est celui du nord qu'il leur faut pour voyager vers le midi.

Le temps de l'émigration dure à peu près quinze jours; aux environs de Paris, il commence souvent dès les premiers jours de septembre, et c'est à l'entrée de la nuit que cette espèce de fureur les prend.

Le moyen que nous avons indiqué est bon; mais il donne une certaine peine et ne réussit pas toujours complétement; car il y en a qui, au lieu de s'envoler perpendiculairement, s'élancent par côté, et alors elles donnent contre le grillage, les montants, et se font beaucoup de mal. Voici un second moyen plus simple et plus efficace : ayez une cage ou deux plus ou moins grandes, selon le nombre de vos cailles; ne donnez à ces cages que 25 à 30 centimètres de hauteur, et qu'elles soient entièrement couvertes de toile, alors vous êtes sûr de mettre vos oiseaux à l'abri de tout accident. Toujours désireux d'être utile, je vais en quelques mots vous donner la forme de ces cages : hauteur, 25 à 30 centimètres, largeur, 30 à 35, et longueur, selon le nombre de sujets à placer. (Fig. 4.) Chaque 30 cen-

(Fig. 4.)

timètres de longueur, nous vous conseillons de mettre

une séparation en volige légère et cintrée comme les deux côtés du bout (Fig. 5), afin de mieux soutenir la toile ; et, en laissant à chaque séparation une petite porte de communication au milieu, vous accordez quelque chose à cette passion de voyager, de changer de position, et vous la rendez moins violente et moins dangereuse. Placez vos mangeoires et abreuvoirs en dehors, comme dans les épinettes pour les poules à engraisser, afin de ne rien laisser dans les cages, où elles pourraient aller se heurter. (Fig. 4.)

(Fig. 5.)

VI. Cet instinct d'émigrer se remarque chez tous les individus, soit seuls, soit en société, en cage comme en volière; et ce qui est plus étonnant, c'est qu'on le trouve avec la même ardeur dans les sujets élevés en domesticité, et qui n'ont jamais connu les plaisirs de la liberté et de l'émigration.

Cependant j'ai remarqué qu'une fois un hiver passé en France, cette passion était pour toujours éteinte dans les individus élevés en volière, car, je l'ai remarquée encore, mais moins forte pourtant, dans ceux qui avaient été pris au filet, et qui sans doute avaient connu l'émigration; mais, après la seconde année, je n'ai plus rien remarqué.

VII. Les pariades des perdrix commencent dès le mois de février ; il faut donc séparer les couples dès ce moment; autrement, les combats entre les mâles vont commencer et d'une manière terrible.

Les cailles, au contraire, ne commencent à se rechercher qu'au mois d'avril; cependant cela dépend du degré de température où elles ont passé la mauvaise saison; aussitôt que vous apercevez quelque manifestation de ce genre, séparez les couples, car leurs combats sont encore plus acharnés que ceux des perdrix; ils vont jusqu'à la mort de l'un ou de l'autre des adversaires; cela étonne dans des petits oiseaux du reste fort doux; mais c'est un fait d'expérience, et cela provient de la passion de l'amour qui, chez eux, est élevée au dernier degré.

VIII. Dès le mois de février pour les perdrix et le mois d'avril pour les cailles, si on n'apercevait pas cette ardeur qui leur est ordinaire, on pourrait les chauffer un peu, en augmentant la dose de chènevis et supprimant le seigle et l'orge; toutefois, soyez fort sage au sujet du chènevis, et rappelez-vous là-dessus les conseils déjà donnés. Augmentez comme compensation la verdure, et ne craignez pas, comme je l'ai souvent entendu dire par des amateurs et des fermières, que cela les rafraîchisse trop et nuise à la ponte des volailles.

Quand les perdrix et les cailles sont en liberté, à cette époque où la nature produit tant d'herbes tendres, fraîches et à leur goût, elles ne se nourrissent pour ainsi dire que de cela, et cependant ça ne nuit point à leur ardeur. Ne craignez donc pas d'imiter la nature.

Une preuve de ce que j'avance, c'est que les cailles que l'on prend alors, et qu'on appelle pour cela cailles *vertes*, sont fort grasses et fort ardentes, car c'est leur ardeur qui les fait donner avec tant d'imprudence dans les filets.

Cependant, soyons toujours exact, autant que possible; je crois bien que la nourriture de tant de jeunes et bonnes herbes contribue à leur ardeur; mais, ce qui y contribue encore plus, c'est la nourriture de tant d'insectes qui sortent alors de terre et dont elles sont très-friandes; voilà pourquoi nous conseillons un peu plus de chènevis, afin de remplacer ces insectes qu'elles n'ont pas en domesticité.

CHAPITRE IV.

Manière d'enlever les premières pontes.

1. Vos oiseaux ainsi placés, nourris et soignés, commenceront et feront leur ponte aussi régulièrement qu'en pleine liberté, et mieux, parce qu'ils seront exposés à moins d'accidents.

La caille choisira les parties du milieu de la volière, grattera un peu la terre dans les bosquets de buis, ou dans les allées, fera un nid à peine visible au moyen de quelques brins d'herbes et quelques feuilles, mais le visitera souvent et vous pondra de 12 à 17, 18 œufs, un par jour.

Les colins choisiront les parties un peu fourrées et à tige un peu haute; au milieu de ce fourré, ou à côté l'adossant contre, la femelle construira un nid d'herbes fines de forme ronde un peu enfoncé dans la terre et ayant une entrée assez semblable à celle d'un four ordinaire; elle pondra de 23 à 25 œufs d'un blanc pur.

La perdrix grise adoptera les coins les mieux abrités et les plus éloignés des regards; c'est pour cela que nous avons conseillé de les garnir de buis; elle pondra de 15 à 18, 20, 22 œufs, un par jour, ou presque tous les jours.

La perdrix rouge nichera dans les recoins, à la base du rocher, ou même dans ceux qui se trouvent sur la pente, quelquefois dans les bosquets de bruyère ou de lavande et pondra comme la grise.

II. Maintenant, il s'agit d'enlever à propos cette première ponte, sans trop les dépiter et les décourager, et de leur en faire produire une seconde, même une troisième.

C'est ici que commencent, non pas les difficultés, mais certaines précautions. J'ai remarqué que, si on les laisse commencer leur couvée et qu'on leur enlève alors l'objet de leur affection, on blesse profondément l'instinct admirable de la nature; cet instinct est très-vif, c'est une passion, une maladie même, et brusquer cette fièvre, c'est s'exposer à en créer une autre quelquefois dangereuse pour leur santé, c'est-à-dire un profond dépit, un ennui et souvent un dépérissement à vue d'œil, toujours fatal aux pontes subséquentes, soit en les retardant et quelquefois en les arrêtant tout à fait. Il faudrait donc tâcher de saisir la fin de la ponte et enlever à point les œufs; alors leur chagrin, quoique grand, est moins profond; du moins, il ne m'a pas paru aussi dangereux, et cela, je crois, parce que la maladie de couver n'était pas encore déclarée. D'un autre côté, si vous enlevez trop tôt les œufs, un certain dépit les prend, elles abandonnent leur nid et pondent encore quelques œufs, par ci, par là, à travers la volière; mais bien moins que si elles n'avaient pas été dérangées; toutefois, il vaut mieux avoir quelques œufs de moins que de laisser la fièvre de couver se déclarer.

III. Pour cela, il est bon de savoir qu'il y a des cailles, mêmes des perdrix (le cas est plus rare dans la perdrix), qui ne font que 6, 8, 10 œufs, à la première ponte, tandis que la seconde et même la troisième, sont tout à fait normales. Or, crainte de se trouver dans ce cas, il faut, sitôt que la ponte est commencée, voir, chaque jour, s'il y a un œuf nouveau, et tâcher de voir, sans avoir trop l'air de voir, mais comme en passant, en donnant à manger, à boire et sans s'arrêter à considérer; surtout sans déranger le nid, car, aussitôt son œuf pondu, elle se retire, mais en arrangeant et en couvrant légèrement et avec une certaine négligence son nid, pour mieux déguiser son trésor aux regards. Si vous y touchez, vous remarquerez à son air inquiet, à son petit cri, que cela la dépite; cependant il faut tâcher, pour votre gouverne, de voir s'il y a un œuf nouveau chaque jour; il faut remarquer aussi, par le même motif, si elle ne reste pas trop sur son nid, surtout passé 10 à 11 heures, car d'ordinaire elle pond avant cette heure, et si on voyait qu'après ces heures elle reste plus que d'habitude sur ses œufs, ce serait comme un indice que la maladie de couver n'est pas loin. Cependant ne prenez pas les petits instants qu'elle aime quelquefois à passer sur ses œufs, par pur plaisir, pour la maladie de couver; un peu d'habitude vous en ferait saisir tout de suite la différence : quand c'est uniquement le plaisir du moment, elle y reste peu, elle est moins affaissée et comme en passant; tandis que, lorsque c'est la fièvre de couver bien déclarée, c'est alors tout un monde de préparatifs : elle arrange son nid, elle soulève ses œufs, elle les retourne, puis, passez-moi l'expression, *elle saisit* ses œufs avec passion; on la voit s'affaisser, s'aplatir pour ainsi dire, écarter légèrement les ailes, allonger les plumes latérales, les recourber autour des œufs, surtout quand ils sont nombreux, 15, 18, et comme embrasser de tout son petit être l'objet de son affection. Alors la maladie est bien déclarée, c'est fâcheux; mais n'importe, il faut, malgré cela, lui enlever ses œufs, car, comme nous verrons plus loin, elle réussit assez mal à couver, elle se donne trop de peine pour élever ses petits, et, du reste, elle ne pondrait plus de cette année.

IV. La première ponte enlevée, même le plus adroitement, elle se dépite pendant un jour ou deux; on la voit, tout affairée et chagrine, courir chercher partout; bientôt le mâle l'environne de nouvelles assiduités, et, au bout de cinq, six, sept jours, elle recommence une seconde ponte, mais non pas dans le premier nid; toujours dans un autre endroit. Cette seconde ponte est aussi abondante, souvent même plus que la première, surtout quand la soustraction des œufs a été faite convenablement. Vous enlevez cette seconde ponte avec toutes les précautions que vous avez prises pour la première, et, dans quelque temps, elle vous en fait une troisième. Celle-ci est souvent moins abondante. Les cailles ne font guère plus de 8, 10, 12 œufs, et les perdrix, 14, 15, 17. Je n'ai pas eu de cas d'une quatrième ponte, mais presque toujours j'en ai obtenu une troisième, surtout lorsque l'expérience m'eut appris tous les soins à donner et les précautions à prendre pour enlever les premières pontes.

V. Nous venons d'entrer dans des détails capables d'effrayer tout le monde; cependant, c'est long, il est vrai, à dire, à expliquer; mais lorsqu'on le sait, c'est simple et facile à faire.

Du reste, pour tout bien préciser, la plupart du temps, toutes ces précautions ne sont pas nécessaires. J'ai vu un de mes amis, à qui j'avais donné des élèves que j'avais faits moi-même, ne prendre aucune précaution, et toujours il réussissait à merveille ; et lorsque je voulais lui faire quelque observation, il me répondait: « Je suis sûr de mes sujets, je les connais; vous le voyez bien, du reste, à mes succès. » D'un autre côté, je me rappelle qu'à mon début j'eus plusieurs pontes dérangées et même tout à fait interrompues, faute, je crois, de prendre ces précautions. Je dois dire aussi que les sujets que j'avais, je les avais achetés et ne les avais point élevés moi-même. Avec tous ces renseignements, vous pourrez maintenant voir vous-mêmes ce que vous aurez à faire.

Au reste, je ne dois pas vous laisser ignorer que les

perdrix demandent rarement à couver, et, par conséquent, vous dispensent de toutes ces attentions et de tous ces ménagements; il suffit, vers la fin de chaque ponte, de ramasser leurs œufs, et, après quelques jours, elles recommencent à pondre. Quelquefois il y a de petites interruptions; ne vous découragez pas; attendez, et tout reprendra son cours.

DEUXIÈME PARTIE.

METTRE COUVER.

Nous voici en possession de 35, 40, 45 œufs de caille et de 50 à 60 de perdrix; mais vous comprenez que les premiers ne peuvent attendre les derniers pour être donnés à couver, ils seraient trop vieux et ne seraient plus propres à être fécondés. Que faire? Il y a trois moyens de les mettre couver, mais avant, il faut des couveuses, et le plus souvent c'est un des plus grands embarras; cependant j'espère pouvoir vous donner des moyens de vous faire triompher de tous les obstacles.

CHAPITRE PREMIER.

Moyen d'avoir des couveuses.

Vous pouvez vous procurer facilement, d'après ma manière de penser, trois espèces de couveuses.

1° *Des Poules.*

Ayez une basse-cour bien exposée, avec un peu de fumier tous les jours, ou deux ou trois fois par semaine; faites dans votre basse-cour deux ou trois grands compartiments de treillage de bois assez dru juste pour empêcher les poules de passer. Dans un de ces grands parquets placez une dizaine de petites poules anglaises avec leur coq; ces petites poules sont douces, familières, admirables pondeuses et couveuses; je veux vous en citer un seul fait. Une année je donnai à une de mes petites poules deux œufs de paon à couver, c'était vraiment ridicule; cette pauvre petite bête paraissait juchée sur ces deux gros œufs; à une certaine distance on voyait une partie de ces œufs qu'elle ne pouvait entièrement couvrir malgré tous ses efforts pour allonger tout autour les plumes latérales; c'était dans la belle saison, en juin, l'air extérieur était chaud; eh bien, elle couva ainsi avec une constance admirable trente-deux jours, et fit éclore les deux petits qu'elle aima, je crois, d'autant plus qu'ils lui avaient coûté plus de peine; il fallait voir au bout de cinq à six semaines, et même plus tard, ces deux grands garçons demander encore à être couverts de temps à autre par leur petite mère; ils couraient alors se fourrer l'un de chaque côté sous ses ailes qu'elle étendait complaisamment; ils la soulevaient ainsi par leur grande taille chacun de son côté, de manière qu'elle était loin de toucher à terre, et malgré cette fausse position elle y restait pour leur faire plaisir. Il faut aussi leur rendre justice, ils furent très-reconnaissants de tous ses bons soins; ils étaient très-attachés à leur bonne mère, ils la suivaient partout, ils ne pouvaient se passer d'elle, et ils étaient grands comme père et mère qu'encore ils voulaient toujours coucher à côté d'elle.

Ces petites poules ne sont peut-être pas bien connues dans la province, mais à Paris et aux environs elles sont très-communes; on peut donc s'en procurer facilement, et c'est un vrai trésor pour celui qui veut surtout élever des cailles, car à cause de leur petitesse et de leurs tendres soins, elles n'écrasent pas, comme il arrive souvent aux grosses poules, les petits cailleteaux.

De plus, elles sont d'une forme belle, bien faite; il y a surtout des coqs d'une admirable beauté, faits à peindre et à croquer : une crête courte frisée, d'un rouge frais, petit corps bien proportionné, bien cambré, une queue riche, une taille noble, élégante, une démarche qui semble vous dire qu'on a le sentiment de ces belles qualités.

Outre ce parquet de poules anglaises, nous conseillons d'avoir cinq ou six poules cochinchinoises et autant de celles que les fermières appellent bayadères aux environs de Paris.

La poule cochinchinoise est, comme on dit, une fureur; en Angleterre on en paie jusqu'à 60 francs la pièce, mais elles sont déjà fort répandues en France et se paient de 20 à 30 francs la pièce; leur réputation est méritée par leur bonté, car elles ne sont pas belles : de longues jambes, presque pas de queue, une petite tête avec un corps vigoureusement membré, une large poitrine, des reins forts et trapus : tout cela ne peut pas constituer une forme élégante ; les coqs sont peu différents des poules : quelques plumes en arc à la queue, une tête un peu plus forte, une taille légèrement plus grande, voilà toute la différence des coqs d'avec les poules.

Cette espèce fournit des poulets presque aussi gros que des petits dindons, d'une viande blanche et fort délicate; mais surtout, ce qui doit attirer notre attention, c'est que ces poules sont d'excellentes pondeuses et couveuses; elles donnent 18 à 20 œufs de suite, un par jour, puis elles demandent à couver; si on les empêche de couver, elles recommencent leur ponte au bout de quelques jours, et ainsi de suite; elles sont très-douces, très-chaudes et très-patientes couveuses.

Les bayadères sont une espèce de poules ordinaires mais fortes et vigoureuses, ordinairement couleur marron, cou doré; ce qui les caractérise, c'est une bouffée de plumes qui leur donne comme des favoris autour des oreilles, et un bouquet de plumes pendantes au-dessous du bec comme la barbe de nos sapeurs; j'ai eu plusieurs de ces poules, et j'ai toujours remarqué en elles de précieuses dispositions pour pondre et pour couver.

Avec cette collection de poules bien soignées et un peu chauffées à propos, il faut espérer que vous aurez des couveuses à volonté.

Il faut espérer, mais ne pas y compter absolument, car il y a des années désespérantes sous ce rapport.

Les soins, l'expérience, tout semble échouer dans ces années-là; il serait trop long ici d'entrer dans les détails de tout ce que nous croyons être la cause de cette calamité pour les éleveurs; nous aimons mieux leur indiquer un moyen de remplacer les poules couveuses qui font défaut.

2° *Une Dinde.*

Prenez une dinde de deux à trois ans, faites-lui avaler une cuillerée d'eau-de-vie, puis placez-la dans un demi-tonneau sur un nid de paille avec quelques mauvais œufs, couvrez votre tonneau de manière à intercepter le jour : au bout de douze à quinze heures, visitez-la, pour voir si elle a pris les œufs, si elle est bien couchée dessus; si les œufs sont chauds, c'est une preuve quelle a adopté les œufs et que vous avez une couveuse; cependant, recouvrez-la bien de nouveau et laissez-la encore pour bien vous en assurer une demi-journée; alors, si elle tient toujours bien les œufs, vous êtes sûr d'elle et vous pouvez agir comme nous l'indiquerons plus loin. Si, au contraire, lorsque vous la visitez pour la première ou deuxième fois, vous la trouvez sur les pieds, droite, les œufs froids ou même salis, alors vous êtes sûr qu'elle ne couve pas, et que cette fièvre ne lui est pas encore venue; ne vous découragez pas, ôtez-la, nettoyez le nid, arrangez-le de nouveau, donnez-lui encore un peu d'eau-de-vie et remettez-la sur les œufs en la couvrant bien, et vous réussirez, je vous le promets, à la seconde ou à la troisième fois.

Une fois sûr de votre couveuse, préparez-lui par terre, en un coin, dans une demi-obscurité, un nid ainsi arrangé : fouillez un peu la terre sur 25 à 30 centimètres de large et 5 à 10 centimètres de profondeur, laissez une partie de cette terre meuble dans le nid pour en adoucir un peu la dureté et de manière qu'il ne soit ni trop creux, ni trop plat, recouvrez le nid de terre d'un second nid en paille douce, ou en foin, assez éloigné des murs pour qu'en se tournant, sa queue ou sa tête ne soient point gênées ; mettez dans le nid ainsi préparé 6 ou 8 œufs de poule anglaise que vous désirez faire couver, puis placez doucement dessus votre dinde. Les premiers jours, couvrez-la dans son nid d'un demi tonneau défoncé pour lui donner de l'air, mais recouvert en partie avec quelques planches pour la mettre à l'abri de toute taquinerie et lui ôter la pensée de s'en aller. Pour la faire manger, vous l'enlèverez doucement par les ailes et la déposerez à terre devant la nourriture et l'eau que vous lui avez préparés d'avance.

Au bout de deux jours, lorsque vous êtes tout à fait sûr qu'elle couve bien, vous ôtez pour toujours le tonneau et lui glissez les œufs qui commencent à être un peu vieux et qui pressent ; vous pouvez lui en donner avec les 6 de poule qu'elle a déjà, 25 ou 30 de perdrix, de caille ou de faisan ; ayez soin seulement de marquer à l'encre sur chacun, le quantième du mois où ils ont été mis sous la dinde ; ne craignez pas qu'elle les rejette ou les écrase, elle adoptera tous ceux que vous lui donnerez et n'en cassera pas un ; son nid étant placé à terre comme nous l'avons détaillé, elle n'aura pas besoin de sauter sur son nid, comme s'il était dans une boîte ou un tonneau; elle vous étonnera du reste par ses précautions: vous la verrez non pas monter avec ses pattes sur son nid ou sur ses œufs, mais s'affaisser sur les bords, puis se glisser sur les œufs tout doucement; on dirait qu'elle sait qu'elle est lourde et qu'elle a un trésor fragile à ménager. Sous ce rapport, elle ne mérite pas qu'on dise d'elle *sot comme une dinde.*

Aussitôt que vous aurez des poules couveuses, vous retirerez une vingtaine d'œufs portant le même quantième et les donnerez à votre couveuse, puis ensuite vous en glisserez d'autres à votre dinde, jusqu'à ce que vous ayez d'autres couveuses, et ainsi de suite si vous voulez pendant deux à trois mois.

Mais, on le conçoit, plus vous la gardez pour couver, plus vous devez redoubler de soins, et malgré tout cela, au bout d'un si long temps, elle est fort maigre : l'amour de couver est une fièvre qui les mine.

Chaque jour, vers les neuf à dix heures, il faut la prendre, l'enlever de dessus ses œufs avec précaution, car souvent elle en a entre les jambes et sous les ailes, la mettre hors du couvoir et fermer la porte; autrement, elle ne prend pas le temps de manger et retourne sur les œufs. Il faut mettre bien à sa portée de la bonne nourriture et en abondance, du blé, de l'avoine, de la verdure et de l'eau fraîche; souvent vous serez obligé de la faire lever; autrement, elle reste affaissée à la place où vous l'avez déposée comme si elle couvait encore, c'est qu'elle à les jambes engourdies; au bout d'un petit quart d'heure, lorsqu'elle a bien mangé, vous lui ouvrez la porte et elle s'en va tout doucement se remettre sur les œufs.

3° *Couveuse artificielle.*

A défaut de dinde, et même pour leur épargner cette corvée, je vous conseillerais d'avoir une couveuse artificielle; aujourd'hui on a bien perfectionné cet appareil; il ne laisse presque rien à désirer, à mon avis, pour faire couver, surtout celui de M. Bir, de Courbevoie près Paris; mais, pour élever les petits éclos, il me semble qu'il y aurait des améliorations à faire; ainsi, le tiroir à mettre les petits n'est pas plus grand que celui à mettre les œufs; or, on voit de suite qu'il faut pour les petits, surtout pour les faire manger, plus de place que pour les œufs.

Du reste, cette couveuse est extrêmement précieuse pour un éleveur; elle lui évite une foule de tracas, soit pour se procurer des couveuses pour ses premiers œufs, soit lorsque quelques-unes de ses couveuses tombent malades ou abandonnent leurs œufs; il a toujours alors sous sa main un moyen sûr de parer à tous ces accidents; je ne saurais donc trop conseiller l'acquisition d'un appareil de ce genre.

CHAPITRE II.

Moyens de mettre couver.

Maintenant vous avez vos couveuses, soit naturelles, soit artificielles, il ne s'agit plus que mettre vos œufs sous elles. Il y a, avons-nous déjà dit, trois méthodes.

La première consiste à prendre la première ponte de la caille, et 7 ou 8 œufs de la seconde, ou toute une ponte de perdrix, et à mettre une poule, ou à les glisser sous la dinde, ou à les placer dans la couveuse artificielle, en marquant sur chacun le quantième du mois; on donne ensuite les restes de la seconde ponte de la caille et la troisième à une autre poule, ou on les met avec les autres, toujours en marquant le quantième bien exactement.

Deuxième méthode : Il serait mieux et plus facile d'avoir deux paires de cailles; on prend alors les dix premiers œufs de chaque paire et l'on met une poule; puis les autres à une autre poule et ainsi de suite : on serait plus sûr de cette manière d'avoir des œufs frais et bons, et l'on serait moins exposé à des déceptions, si une caille venait à manquer : au reste, quand on se met à même d'élever 25 ou 30 petits, on peut en élever 50 ou 60; la seule difficulté c'est d'avoir assez de place, comme nous verrons plus loin, lorsqu'ils ont cinq à six semaines et qu'ils commencent à se piquer.

Troisième méthode : Elle consiste à prendre 20 ou 25 œufs, soit de caille, soit de colin, soit de perdrix grise ou rouge et à mettre une poule; puis 25 autres, avec une autre poule et ainsi de suite; on peut très-bien faire ce mélange; car, tous les œufs mettent le même temps pour éclore, et tous les petits s'élèvent très-bien ensemble. Cette méthode est la plus simple, la plus facile, la seule qu'on doive employer pour avoir des œufs bien frais, quand on a toutes ces diverses espèces; mais quand on n'a que des cailles ou des perdrix seulement, on est bien obligé d'avoir recours à un des autres moyens, et voilà pourquoi nous les avons indiqués.

On devrait aussi, lorsque l'on a assez d'œufs, mettre toujours 2 ou 3 poules à la fois, même quoiqu'on fût obligé d'attendre que les œufs eussent déjà 12 à 15 jours, parce qu'alors s'il y a beaucoup d'œufs clairs ou qui ne viennent pas bien à point, on pourra glisser tous les petits ayant le même âge à une seule poule, et abréger ainsi les soins en ménageant vos poules.

On peut encore simplifier, et on ne saurait trop le faire, surtout lorsque l'on a une certaine quantité d'élèves. Au bout de 6 à 8 jours (même avant quand on a l'expérience) on peut mirer tous les œufs qui sont sous les poules du même jour. Pour bien le faire, on les place à un rayon de jour ou de soleil; on met de côté tous ceux qui sont clairs ou barbouillés, et souvent ainsi, on peut réduire les couveuses de trois à deux, même à une. Ce cas arrive rarement, avec les œufs de caille ou de perdrix, qui sont presque toujours bons, mais avec les œufs de faisans, surtout quand on n'a pas l'expérience nécessaire pour les soigner, cela arrive assez souvent.

CHAPITRE III.

Observations sur les œufs.

C'est ici, je crois, le lieu et le moment convenable de placer certaines remarques assez curieuses que j'ai eu occasion de faire au sujet des œufs qu'on veut faire couver.

Les œufs que vous enlevez et que vous tâchez de conserver soigneusement dans un endroit choisi pour cela, c'est-à-dire, ni trop frais, ni trop chaud, se conservent néanmoins, malgré vos soins, moins aptes à la fécondation, si vous les gardez de 20 à 25 jours, que ceux qui restent dans le nid de la perdrix le même temps (je parle ici de la perdrix, parce que c'est à peu près le temps qu'elle met à faire sa ponte; mais on pourrait en dire autant des autres en les gardant le même temps), quoique ceux qui restent dans le nid soient exposés à la fraîcheur des nuits et quelquefois aux rayons ardents du soleil. Il faut donc pour cela, que la mère dans ses petites visites qu'elle aime à leur faire et surtout dans les moments de la ponte d'un nouvel œuf, leur communique quelque chose de particulier et d'impraticable pour nous; mais, le fait me paraît constant. Souvent, au bout de 25 à 30 jours j'ai eu dans les œufs que j'avais enlevés beaucoup de mauvais, tandis que ceux qui étaient restés le même temps dans le nid de la perdrix étaient tous bons.

Pour vous convaincre combien les soins de la mère

contribuent à conserver ses œufs bons, faites une expérience bien simple ; laissez hors du nid, 2 ou 3 des premiers œufs, mais pourtant dans les mêmes conditions que ceux qui sont dans le nid, moins les soins de la mère. Au bout de 20 à 25 jours, lorsque la ponte est finie, marquez-les d'un numéro à l'encre, mettez-les couver avec les autres, et vous verrez que toujours ils sont gâtés et n'éclosent pas, ce qui m'a comme prouvé que les soins de la mère avaient une grande influence sur les œufs, et que ce que j'ai appelé plus haut, pur plaisir de la mère à visiter son nid, pouvait bien être en effet un vrai plaisir, mais en même temps un besoin pour les œufs et un instinct admirable de la nature.

Enfin, pour être tout à fait exact, je dois dire qu'il y a une grande différence, cependant, entre les œufs qu'on enlève et qu'on tâche de conserver avec soin dans un lieu convenable, et ceux qui restent hors du nid et sans les soins de la mère : ceux-ci, au bout de 15 à 20 jours et souvent en moins de temps, sont presque toujours gâtés, tandis que ceux que l'on sait conserver sont encore bons au bout de ce temps, à moins qu'ils ne soient mauvais de leur nature, et il doit en être ainsi pour que toutes les méthodes que nous avons indiquées puissent réussir ; concluons donc que, si les petits soins de la mère contribuent beaucoup à conserver les œufs, ceux que l'on prend avec sagesse ne sont pas inutiles non plus.

TROISIÈME PARTIE.

FAIRE COUVER.

Vos œufs sont confiés à vos couveuses, il faut maintenant conduire à point toutes ces couvées, objets de vos espérances. Ici, j'ai encore besoin d'indiquer quelques précautions, et ce que je vais dire peut s'appliquer à toute espèce d'œufs qu'on veut faire couver par des poules.

1° Il faut des poules *douces* et bien portantes; je n'ai jamais bien réussi avec des poules de ferme et d'emprunt; elles sont trop volages ou farouches, et pas assez habituées au local et aux personnes nouvelles qui les soignent.

2° Choisissez pour mettre vos couveuses un endroit tranquille, formez un demi-jour, que cet endroit ne soit ni trop frais, ni trop chaud, tenez-le toujours dans un grand état de propreté.

3° Ayez pour les petites poules anglaises de petites boites en bois de 25 à 30 centimètres carrés; faites avec de la paille fraiche, que vous aurez un peu brisée avec les mains pour lui ôter sa rudesse, un nid convenable dans vos boites; que ce nid ne soit pas trop creux, autrement les œufs se mettent en tas les uns sur les autres, et ceux qui sont par dessous ne reçoivent pas la chaleur fécondante; qu'il ne soit pas non plus trop plat, sans quoi les œufs s'échappent de dessous la poule et coulent sur les côtés, et sont ainsi privés de la chaleur nécessaire. A la hauteur du nid de paille, pratiquez avec une vrille des petits trous pour donner de l'air aux couveuses et même aux œufs, il leur en faut pour être couvés comme pour vivre; vos boîtes étant ainsi préparées, placez-y doucement vos poules et couvrez-les d'un couvercle à claire voie pour leur donner de l'air, et en même temps pour arrêter quelquefois leurs caprices et les mettre à couvert de tout danger extérieur. Pour les grosses poules, placez-les à terre, comme nous l'avons indiqué pour la dinde et pour les mêmes motifs; couvrez-les dans leur nid d'une boîte carrée de 35 à 40 centimètres et qui s'ouvre sur le devant pour les laisser sortir et entrer : cette boîte doit avoir un couvercle à claire voie et des trous comme les autres.

4° Maintenant, avant de leur confier vos espérances, donnez-leur trois ou quatre petits œufs de leur espèce, et, au bout de quelque temps, une demi-journée par exemple, lorsque vous verrez qu'elles ont bien pris leurs œufs, glissez-leur tout doucement ceux que vous leur destinez et ôtez les autres.

5° Tous les jours, vers les neuf, dix heures, visitez-les, levez-les doucement de dessus leurs œufs, prenez garde qu'elles n'enlèvent avec elles quelques œufs; souvent elles les font remonter jusque sous leurs ailes (ce sont ordinairement les bonnes couveuses qui font cela); déposez-les à terre; mettez devant elles, dans une mangeoire assez plate pour qu'elles puissent bien voir leur manger, de la graine fraîche, un mélange de blé, d'avoine, de sarrasin, de chènevis, et de l'eau renouvelée chaque jour dans un vase convenable; si elles restaient affaissées sur elles-mêmes, comme si elles voulaient continuer de couver, faites-les lever doucement pour leur dégourdir les jambes et les exciter à manger, donnez-leur un bon petit quart d'heure, puis remettez-les doucement sur leur nid, si elles n'y vont pas d'elles-mêmes. N'en laisser sortir ou manger qu'une ou deux à la fois, autrement elles se battent, s'emparent des nids les unes des autres et se dégoûtent quelquefois de couver.

6° Au bout de six à sept jours, il faut visiter l'intérieur de leur nid, de peur de la vermine, surtout si on voyait que leur crête pâlit et se fane, qu'elles témoignent de l'impatience de se lever; alors et même sans ces symptômes, par précaution, enlevez les œufs pendant qu'elles mangent; puis, vous mettant au grand jour, ôtez la paille du nid, couche par couche; s'il y a de la vermine, vous ne la trouverez qu'aux dernières couches. Ce sont de petits poux rouges qui se mettent ensemble et par pelotte; pendant le jour, ils descendent au fond du nid; mais la nuit ils envahissent la couveuse, et la tourmentent au point de la rendre malade et de lui faire abandonner ses œufs. Sitôt que vous apercevrez les traces de cette vermine, ne perdez pas de temps, ça pullule vite; changez vos œufs et votre couveuse dans une nouvelle boîte, préparée comme la première. Pour celle-ci, ne la laissez pas dans votre couvoir, enlevez-la, jetez la paille loin de là, et nettoyez bien votre boîte à l'eau bouillante de potasse avant de vous en servir de nouveau. Le meilleur moyen pour la purifier à fond, c'est de prier votre boulanger de vous la mettre cinq minutes dans son four, lorsqu'il est bien chaud : alors la vermine et ses œufs sont entièrement détruits.

QUATRIÈME PARTIE.

ÉDUCATION DES PETITS.

Voici vos petits éclos, et, chose curieuse, ils sont éclos tous à la fois ; les œufs se sont fendus par le milieu, et tous les petits ont paru, formant comme une pelote de gros frelons : au bout d'une demi-heure, une heure au plus, à peine séchés, ils sortent de dessous la poule, commencent à courir et à chercher à manger. Enlevez alors doucement votre poule, déposez-la dans une boite *ad hoc* (Fig. 6 et ses détails), sur la plan-

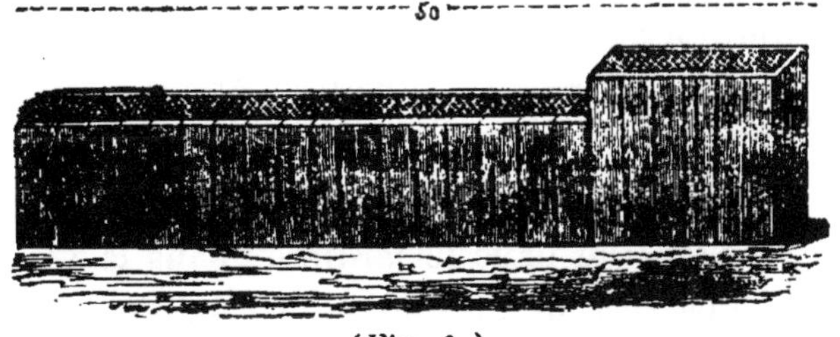

(Fig. 6.)

che, sans paille ni foin, car autrement les petits s'entortillent leurs petites jambes, et vous en perdez souvent plusieurs ; glissez sous la mère les petits et couvrez votre boite.

Ces boites sont indispensables pour élever des petits

cailleteaux, perdreaux ou faisandeaux. Il y a plusieurs manières de les faire; voici celle que l'expérience m'a démontré la plus commode : faites-les en planches légères de sapin du Nord, afin qu'elles soient plus faciles à remuer; de plus, il a une odeur de résine beaucoup plus marquée que les autres, et par là-même plus à l'abri de la vermine; il serait bon que les planches fussent rabotées, rainées et peintes pour plus de propreté ; donnez à ces boites 1 mètre 40 à 50 centimètres de longueur, 35 à 45 centimètres de largeur ; le compartiment destiné à la poule aura 40 centimètres : le reste sera pour les petits. Le côté de la poule doit avoir 35 à 40 centimètres de haut pour qu'elle soit bien à son aise; celui des petits 25 à 30 centimètres, un peu moins élevé, pour que l'air et le soleil puissent mieux y pénétrer, et que votre boite n'ait pas la forme d'une bière; que les deux extrémités se ferment à coulisse, ainsi que la séparation de la mère, et cela pour une foule d'usages fort commodes : 1° pour nettoyer et laver plus facilement vos boites ; 2° pour laisser de temps en temps passer la mère du côté des petits pour qu'elle mange les restes qu'ils font; 3° pour laisser sortir les petits ou dans le jardin ou dans la volière, comme nous verrons plus loin. Le côté de la poule devrait avoir un couvercle à double pente en planche légère pour qu'elle soit à l'abri du mauvais temps et plus tranquille; on ferait bien d'en avoir un pareil, mobile, de la longueur du compartiment des petits, afin que, dans une averse, on puisse couvrir la boîte et mettre les petits à l'abri sans avoir besoin de rentrer les boîtes. Outre le couvercle mobile, qui n'est que pour la nuit ou pour le mauvais temps, la partie des petits doit être recouverte d'un filet ; les deux tiers de ce filet sont fixés aux rebords de la boîte; l'autre tiers est mobile comme le couvercle d'une tabatière, pour laisser une ouverture convenable et faciliter les soins à donner aux petits. Voici comment on peut rendre cette partie mobile. On a un filet fait de la grandeur de la partie à couvrir, ou bien on en découpe un morceau de cette grandeur sur une pièce de filet : on prend un fil de fer d'une grosseur moyenne, on lui donne la forme d'un fer à cheval carré et de la grandeur du tiers du compartiment à couvrir; on passe les bouts de fil de fer dans les mailles des extrémités du filet, de manière à former un couvercle à charnière. Les bouts de ce fer à cheval (Fig. 7) sont rivés et accrochés à un petit anneau en fil de fer (Fig. 8), enfoncé sur le rebord de la planche.

(Fig. 7.) (Fig. 8)

Maintenant, le plus important, c'est de bien élever cette famille qui fait vos douces espérances. Je vais, pour cela, entrer dans quelques détails que l'expérience seule peut fournir. Ne donnez à boire à vos petits que dans des *canaris* en verre : avec tout autre vase, vos petits se noient, se mouillent, salissent leur eau, leur nourriture, et vous en perdez beaucoup;

avec ce petit moyen, ils sont toujours propres et sans danger; rapprochez assez votre *canari* des barreaux pour que la poule puisse boire et montrer à ses petits à faire comme elle. Pour les deux ou trois premiers jours, les œufs de fourmi sont indispensables aux cailleteaux, et, pendant huit à quinze jours, aux perdreaux. A Paris, rien de plus facile que de s'en procurer; il s'agit de savoir l'adresse des personnes qui vont en ramasser dans les bois et de leur en demander. J'ai remarqué que ces œufs des bois sont un peu gros pour les cailleteaux et même pour les perdreaux, surtout les premiers jours : il serait à souhaiter que vous pussiez vous en procurer quelques-uns dans des parcs ou dans des jardins pour les deux ou trois premiers jours. Donnez-en peu et souvent à vos petits, et assez loin des barreaux, autrement la poule vous les dévorera en un clin d'œil; cependant, le premier jour, on en donne quelques-uns près des barreaux, surtout si ce sont de gros, afin que la poule en mange quelques-uns et excite les petits à en faire autant. Les premiers jours, visitez souvent vos petits; presque toujours vous trouverez quelque chose à faire, quelque soin à donner; dès les premiers temps vous pouvez ajouter à vos œufs de fourmi quelques pincées de pâtée faite avec de la mie de pain fine, des œufs durs et de la salade bien hachés; chaque jour on augmente la quantité de pâtée; au bout de 8 à 10 jours on donne un peu de millet, qu'on augmente aussi chaque jour, puis un peu de chènevis, de blé, jusqu'à ce que la pâtée et la graine tiennent tout à fait lieu des œufs de fourmi. Si sur le nombre il y en avait quelques-uns d'un peu maladifs, on leur donnerait à part quelques œufs de fourmi, c'est pour eux et même pour tous les oiseaux de volière, jusqu'aux petits oiseaux des îles, un remède salutaire dans leurs petites maladies et une nourriture favorite et féconde ; c'est quelquefois le seul moyen de faire produire ces beaux petits oiseaux des îles, ou de leur faire élever leur petite famille.

On peut économiser les œufs de fourmi même les remplacer au besoin lorsque les petits y sont habitués, par la pâtée de rossignol. On la fait avec du cœur de bœuf écrasé avec la tête d'un marteau, puis bien haché et mélangé avec un tiers ou une moitié de farine de pavot ; cette farine se trouve à Paris très-facilement sous la forme de grands pains qu'on broie ou qu'on moud.

Il faut que cette pâtée soit un peu ferme, afin qu'elle s'émiette facilement en petits morceaux à peu près semblables à un œuf de fourmi et propres à être avalés par les petits.

On donne aussi des asticots, mais j'ai remarqué que cette nourriture est échauffante et donne aux petits au bout de quelques jours une espèce de teigne ou de gale autour du bec et des yeux ; cependant, en les lavant à l'eau de son un peu chaude, on parvient à les rendre une nourriture convenable ; il ne faudrait pourtant pas les nourrir exclusivement de cet aliment.

Il serait donc précieux d'avoir dans le voisinage une ou deux fourmilières, par exemple dans un parc, un petit bois, afin d'avoir sous la main un moyen si utile, et quelquefois si nécessaire. Une autre fois, peut-être, j'aurai occasion d'indiquer les moyens de créer de petites fourmilières et la manière de les faire produire, et de leur enlever leurs œufs, sans les détruire.

Au bout de trois à quatre semaines vos boites seront trop petites pour votre famille, qui a grandi à vue d'œil, surtout si elle est nombreuse; il faut agrandir vos boites en ajoutant l'une au bout de l'autre; ou mieux, mettez votre petit troupeau en volière; si votre compartiment est grand, vous pouvez y porter votre boîte, lever la coulisse, laisser sortir vos petits, mais toujours laisser la mère dans la boite. Ne l'oubliez pas, plus la captivité est longue, plus elle a besoin de soins; prenez garde à la vermine, visitez souvent la boite, les coulisses; rapprochez la nourriture et l'eau à sa portée; donnez-lui souvent de la verdure; après tant de travail et de captivité, elle est longtemps très-échauffée. Si votre compartiment n'était pas très-grand et que la boite en prît une grande partie, ayez pour la mère seule une petite boite exprès, de 40 centimètres carrés, avec barreaux, etc.

Dans six à huit semaines, si vous avez dans chaque compartiment de vingt à vingt-cinq perdreaux ou faisandeaux, votre volière d'un mètre et demi carré sera encore un peu petite, et vos perdreaux sont en grand danger de se piquer; c'est un si grand inconvénient, un malheur même si difficile à réparer, qu'il faut faire tout son possible pour le prévenir. Pour cela donnez un second compartiment à votre famille, au moyen d'une petite porte de communication. On peut restreindre, pour un temps, un peu les pondeuses, et agrandir l'espace aux jeunes qui croissent tous les jours. Si vous ne pouvez absolument augmenter votre volière, voici un moyen de parer un peu à cet inconvénient : piquez en terre de petits faisceaux de branches, de petites bottes de broussailles, formant de petits bosquets, de petites haies, de petits sentiers, afin que les petits puissent fuir, s'éviter, lorsque la malheureuse passion de se piquer les prend. Beaucoup de personnes ne savent pas ce que c'est que se piquer ; il est bon d'en dire un mot pour leur gouverne. Au bout de six à huit semaines, lorsque la jeune plume commence à former sur leur dos comme le grain d'avoine, les perdreaux, les faisandeaux, même les cailleteaux (c'est rare pour les derniers, à moins qu'ils ne soient très-nombreux et trop resserrés, ce qui m'est arrivé quelquefois, mais c'est très-commun pour les perdreaux et les faisandeaux), se piquent l'un l'autre au-dessus de la queue, s'arrachent les plumes, le sang parait, ce qui les excite encore davantage, et alors cela devient comme une épidémie, une fureur générale; en quelques minutes votre famille est tout en sang, abîmée; et plus ils se piquent, plus la passion semble augmenter; alors il faut les séparer, et comment faire, lorsqu'on en a vingt à vingt--cinq dans chaque compartiment, et que vous n'avez plus de place ? Il faudrait, du reste, de la place pour mettre chacun en son particulier. J'ai quelquefois un peu calmé, un peu arrêté cette fureur, en faisant avec de la suie bien pulvérisée, un peu d'huile ou d'axonge, une pommade que je passais, avec un pinceau, sur la partie blessée; l'amertume de cette substance arrêtait un peu la passion des *piqueurs;* mais le moyen n'avait quelque réussite que lorsque l'on avait un peu espacé et séparé le troupeau : pour mieux réussir, dans cette triste circonstance, il faut les bien pommader et les lâcher dans le jardin, après leur avoir coupé les plumes d'une aile pour les empêcher de s'envoler. Je le sais, rien de si abominable qu'une aile coupée, comme on la coupe d'ordinaire, c'est-à-dire qu'on coupe tout droit plumes grandes, moyennes et petites, tout à la fois, de manière que l'oiseau a le flanc à découvert et tailladé : mais il y a une manière de la couper, toute simple, et qui ne laisse rien de visible à l'œil, en atteignant également le but qu'on se propose, c'est-à-dire empêcher de voler : pour cela on ne coupe que les plus longues plumes, en ayant bien soin de les séparer des petites et des secondaires, destinées par la nature à recouvrir le bas des longues, qui serait trop nu, et à ménager une douce et agréable gradation. Dans certains oiseaux, le canard, le pigeon, etc., on peut laisser les deux dernières longues pour soutenir l'aile sur la queue; ainsi coupée, l'aile n'a rien de désagréable et de visible, et cependant l'oiseau ne peut pas voler, il ne peut faire que certains bonds et retomber de côté.

Cette méthode de lâcher ainsi les petits dans un jardin, un parc, même une cour, est excellente pour les voir venir vite et bien; au reste, ils ne dégradent rien, au contraire, ils détruisent beaucoup d'insectes et ne font que becqueter un peu les salades et certaines herbes : c'est la poule mère qui dégraderait beaucoup en grattant partout et dévorant beaucoup de choses utiles ; elle est beaucoup plus vorace que les petits perdreaux et les faisandeaux ; pour les petits cailleteaux, à peine s'aperçoit-on qu'ils sont dans le jardin ; si on veut rendre cette méthode plus profitable aux petits, il faut changer de temps en temps la boite de la mère de place, afin que les petits, qui restent aux environs et à une certaine distance, puissent ainsi peu à peu parcourir tout l'espace que vous leur destinez [1].

Dès la fin d'août, vous pouvez commencer à manger de vos petits, s'ils ont été bien soignés.

Je m'arrête ici. J'aurai paru bien long, bien détaillé, peut-être, pour un grand nombre ; mais pour l'homme pratique et qui n'a pas encore l'expérience de toutes ces choses, je suis sûr que j'aurai été trop court en bien des endroits ; du reste, je n'ai eu en vue que la plus grande utilité.

[1] Le meilleur moyen, pour élever les petits, sans avoir besoin d'œufs de fourmi ou de pâtée, c'est de les conduire aux champs manger comme des petits moutons ; et c'est la méthode que nous venons de retrouver dans nos notes, et que nous apprenons dans le *Guide de l'amateur pour élever les oiseaux* et les rendre aussi familiers que les animaux domestiques les plus doux et les plus attachés.

FIN.

PREMIÈRE TABLE

SYNTHÉTIQUE ET GÉNÉRALE

Par laquelle d'un coup d'œil on embrasse toute la matière.

OBSERVATIONS DE L'ÉDITEUR.

INTRODUCTION OU AVIS DE L'AUTEUR.

PREMIÈRE PARTIE.

MOYEN DE FAIRE PONDRE LE DOUBLE ET LE TRIPLE.

CHAPITRE Ier.

LOCAL APPROPRIÉ.

Couveuse artificielle.

CHAPITRE II.

TROIS MOYENS DE METTRE COUVER.

CHAPITRE III.

TROISIÈME PARTIE.

FAIRE COUVER.

QUATRIÈME PARTIE.

ÉDUCATION DES PETITS.

DEUXIÈME TABLE

ANALYTIQUE OU DÉTAILLÉE,

Dans laquelle tout est rapporté en abrégé,

AVEC DES RENVOIS AUX DIVERSES PAGES OU SONT LES DÉTAILS.

(Au moyen de cette table, on peut en quelques minutes faire toutes les recherches qu'on désire.

OBSERVATIONS DE L'ÉDITEUR.

AVIS DE L'AUTEUR.

MOYENS DE DOUBLER ET TRIPLER LE PRODUIT DE CES VOLATILES.

PREMIÈRE PARTIE

FAIRE PONDRE.

CHAPITRE Ier.

LOCAL APPROPRIÉ.

CHAPITRE II.

CHOIX DES SUJETS.

CHAPITRE III.

SOINS A DONNER.

CHAPITRE IV.

SAVOIR ENLEVER LES PREMIÈRES PONTES.

DEUXIÈME PARTIE.

METTRE COUVER LES ŒUFS.

QUATRIÈME PARTIE.

ÉLEVER LES PETITS.

[1] Le meilleur moyen, pour élever les petits, sans avoir besoin d'œufs de fourmi ou de pâtée, c'est de les conduire aux champs manger comme des petits moutons ; et c'est la méthode que nous venons de retrouver dans nos notes, et que nous apprenons dans le *Guide de l'amateur pour élever les oiseaux* et les rendre aussi familiers que les animaux domestiques les plus doux et les plus attachés.

FIN DE LA DEUXIÈME TABLE.

EXTRAIT DU CATALOGUE

DE LA

LIBRAIRIE CENTRALE D'AGRICULTURE

ET DE

JARDINAGE.

Quai des Grands-Augustins, 41.

AUGUSTE GOIN, ÉDITEUR.

---

15 MAI 1855.

BIBLIOTHÈQUE RURALE.

PUBLIÉE PAR LES RÉDACTEURS DE L'AGRICULTEUR PRATICIEN[1].

Ouvrages en vente :

DRAINAGE. L'art de tracer et d'établir les drains, par J. GRANDVOINNET, ingénieur, professeur de génie rural à Grignon. 1 vol. in-18, avec 150 fig. dans le texte. 3 »

TRAITÉ ÉLÉMENTAIRE DES CHAMPIGNONS COMESTIBLES ET VÉNÉNEUX, par DUPUIS, professeur de botanique à Grignon. 1 vol. in-18 avec huit planches coloriées. 1 75

TRAITÉ COMPLET D'ALCOOLISATION GÉNÉRALE, GUIDE DU FABRICANT D'ALCOOLS, renfermant la marche à suivre pour obtenir l'alcool de toutes les substances alcoolisables, etc.; par N. BASSET. 1 vol. in-18 avec dessins dans le texte, 6 gravures sur cuivre et 9 tableaux. 6 fr.

AMENDEMENTS ET PRAIRIES, *Traité populaire* extrait des œuvres de Jacques BUJAULT. 1 vol. in-18. » 60

DU BÉTAIL EN FERME, *Traité populaire* extrait des œuvres de Jacques BUJAULT, 1 vol. in-18. » 60

1 L'AGRICULTEUR-PRATICIEN, Revue de l'Agriculture française et étrangère. — 24 Nos par an.— Prix : 6 fr.

LE FUMIER DE FERME ÉLEVÉ A SA PLUS HAUTE PUISSANCE DE FERTILISATION *et n'étant plus insalubre*, par QUENARD, 2e édition in-18. 1 25

TRAITÉ PRATIQUE DE LA CULTURE ET DE L'ALCOOLISATION DE LA BETTERAVE, résumé complet des meilleurs travaux faits jusqu'à ce jour sur la Betterave et son alcoolisation, par N. BASSET, 1 v. 2 »

SYSTÈME GUÉNON *en forme de Catéchisme*, à l'usage des élèves des fermes-écoles, par Anacharsis COMBES. In-18. » 30

GUIDE DU PISCICULTEUR, d'après des notes et des documents fournis par J. RÉMY, pêcheur de la Bresse, et publiés par le Dr HAXO. 1 vol. in-18 avec grav. 1 50

GUIDE DE L'ÉLEVEUR DE POULES, POULETS, etc, par ALIBERT, professeur de zootechnie, à Grignon. 1 vol. in-18. 75 c.

GUIDE DE L'ÉDUCATEUR DE LAPINS, ou *Traité de la race Cuniculine*, par MARIOT-DIDIEUX, 1 vol. in-18. » 75

GUIDE DE L'ÉLEVEUR D'ABEILLES, par DE FRARIÈRE. In-18 avec figures. » 75

GUIDE DE L'ÉLEVEUR DE PIGEONS DE COLOMBIER ET DE VOLIÈRE, par MARIOT-DIDIEUX. 1 vol. in-18. » 75

GUIDE DE L'ÉLEVEUR DE DINDONS ET DE PINTADES, par le même. In-18. » 75

PETIT TRAITÉ DE IRRIGATIONS, par James DONALD, traduit par A. DE FRARIÈRE. 1 vol. in-18 avec gravures. » 50

VISITE A UN VÉRITABLE AGRICULTEUR-PRATICIEN, par DURAND-SAVOYAT, propriétaire-cultivateur. 1 vol. in-18. 1 25

DU MAIS, de sa culture et des divers emplois dont il peut être susceptible, par W. KEENE et A. DE THIER. In-18. » 30

AGRICULTURE.

Abeilles (*Manuel de l'éducateur d'*), par DE FRARIÈRE. In-18. 3 50

Abeilles (*Guide de l'éleveur d'*), par DE FRARIÈRE, 1 vol. in-18 avec figures. 75 c.

Agriculteur praticien (L'), *Revue de l'agriculture française et étrangère*, 2e année. Prix de l'abonnement. 6 fr.

Alcoolisation générale (*Traité complet d'*), Guide du fabricant d'alcools, par N. BASSET. 1 vol. in-18. 6 fr.

Almanach de la ferme pour 1855, par BASSET, 1re année. 1 vol. in-18. 50 c.

Amendements et Prairies. *Traité populaire extrait des œuvres de* JACQUES BUJAULT. 1 vol. in-18. 60 c.

Animaux (*Recherches expérimentales sur l'alimentation et la respiration des*), par J. ALLIBERT, professeur de zootechnie à Grignon. In-8, accompagné d'un tableau et d'un modèle d'appareil. 1 50

Bétail en ferme (*du*), extrait des œuvres de JACQUES BUJAULT. 1 vol. in-18. 60 c.

Bêtes à laine (*Manuel de l'éleveur de*). Notions pratiques sur le choix, l'élevage, le bon entretien et les maladies de ces animaux domestiques, par ROCHE-LUBIN. 1 vol. in-18. 2 50

Betteraves (*Traité pratique de la culture des différentes espèces de*), procédé pour les conserver par la dessiccation, etc., tr. de l'allem. par SARRAZIN. In-8. 2 fr.

Cailles d'Europe (*Instruction pratique pour élever les*), d'Amérique (ou colins), les **Perdrix grises et rouges**, par l'abbé ALLARY. 1 vol. in-18, avec figures dans le texte. 1 25

Champignons comestibles et vénéneux (*Traité élémentaire des*), par DUPUIS, professeur de botanique à Grignon, 1 vol. in-18, avec 8 planches coloriées. 1 75

Dindons et Pintades (*Guide de l'éleveur de*) par MARIOT-DIDIEUX. 1 vol. in-18. 75 c.

Drainage. L'art de tracer et d'établir les drains, par GRANDVOINNET, ingénieur, professeur de génie rural à Grignon. 1 vol. in-18, avec 150 figures dans le texte. 3 »

Forêts (*Traité pratique de l'estimation des*) et de l'exploitation des bois de charpente, par MM. FÉLIX et THÉOPHILE CHALLETON. 1 vol. in-8, autographié. 3 fr.

Fumier de ferme (*Le*) élevé à sa plus haute puissance de fertilisation et n'étant plus insalubre, par QUENARD, propriétaire-agriculteur. 1 vol. in-18, 2e édit. 1 25

Grains (*Traité sur la vente des*) à la mesure, au poids de l'hectolitre, ou au quintal métrique, suivi de tableaux appréciateurs de la valeur des grains, suivant la variation de chaque qualité, terminé par un tableau comparateur du prix des grains au quintal métrique, etc., par HUBAINE, in-4. 2 50

Irrigations (*Petit traité des*), par JAMES DONALD, traduit par A. DE FRARIÈRE, in-18 avec figures. 1 50

Lapins (*Guide de l'Éducateur de*) ou *Traité de la race cuniculine*, par MARIOT-DIDIEUX. In-18. 75 c.

Maïs (*du*), de sa culture et des divers emplois dont il est susceptible, par KEENE et A. de THIER. In-18. 30 c.

Mécanique agricole (*Traité complet de*), par J. GRANDVOINNET, ingénieur, professeur de génie rural à Grignon. Ouvrage destiné aux élèves des écoles d'agriculture et des écoles normales primaires, aux fermiers, aux propriétaires et aux constructeurs d'instruments. — Cet ouvrage paraîtra simultanément en trois séries de la manière suivante :

PREMIÈRE SÉRIE.

1re *livraison*. — Du mouvement et de ses causes.
4e *livraison*. — Des charrues. — *Détails* et modèles divers.

DEUXIÈME SÉRIE.

2e *livraison*. — Des forces et de leur travail.
5e *livraison*. — Des instruments de division et de compression du sol. — Des instruments propres à la récolte : moissonneuses, charrettes, chariots, etc.

TROISIÈME SÉRIE.

3e *livraison*. — Mécanique matérielle : de l'assujettissement et des machines simples.
6e *livraison*. — Des instruments pour la préparation des récoltes : machines à battre, tarares, trieurs, coupes-racines, concasseurs.

La publication est faite ainsi dans le but d'allier la théorie à la pratique et de satisfaire à l'ordre de l'enseignement suivi à l'École impériale d'agriculture de Grignon.

Chaque série, non divisible, sera du prix de 3 fr. 50.

Pigeons de colombier et de volière (*Guide de l'éleveur de*), par Mariot-Didieux, in-18. 75 c.

Pisciculteur (*Guide du*), d'après des notes et documents fournis par J. Remy, pêcheur de la Bresse, recueillis, rédigés et publiés par le docteur Haxo. In-18, avec gravures. 1 50

Poules et Poulets (*Guide de l'éleveur de*), par J. Allibert, professeur de zootechnie à Grignon. 1 vol. in-18. » 75

Système Guénon en forme de catéchisme, à l'usage des élèves des fermes-écoles, par Anacharsis Combes, président du Comice agricole de Castres, in-18. 30 c.

Végétaux (*Recherches sur les maladies des*) et particulièrement sur la maladie de la vigne, par Guérin-Méneville. In-8. 25 c.

Vers à soie (*Manière la plus profitable d'élever les*) et sur les moyens de prévenir et guérir la muscardine, par le docteur BASSI, traduit de l'italien, par F. Cazalis, médecin. In-8. 1 fr.

Visite à un véritable agriculteur praticien, par Durand-Savoyat, propriétaire-cultivateur. 1 vol. in-18. 1 25

BIBLIOTHÈQUE DE L'HORTICULTEUR ET DE L'AMATEUR.

OUVRAGES PUBLIÉS.

Arboriculture (*Pratique raisonnée de l'*), par Picot-Amette, horticulteur. 1 vol. in-18, avec 12 planches. 2 50

Arbres fruitiers (*Instruction élémentaire sur la taille des*), par Lachaume, ancien jardinier en chef de Petit-Bourg. 1 vol. in-18, orné de 20 figures dans le texte. » 75

Asperges (*Instruction pratique sur la plantation des*), par Bossin, 2e édition. 1 vol. in-18. » 75

Camellias (*Traité de la culture des*), par J. de Jonghe, 2e édition. 1 vol. in-18. 1 25

JARDINAGE.

Almanach (*Petit*) du Jardinier-Fleuriste, pour 1855, 2e année. 1 vol. in-18. 50 c.

Almanach (*Petit*) du Jardinier-Potager, pour 1855. 2e année; 1 vol. in-18. 50 c.

Ce petit ouvrage a été couronné par la Société impériale d'Horticulture de la Seine-Inférieure.

Le Mans. — Imp. de Julien, Lanier et C.

CATALOGUE

DE LA

LIBRAIRIE CENTRALE D'AGRICULTURE

ET DE

JARDINAGE.

Quai des Grands-Augustins, 41.

AUGUSTE GOIN, ÉDITEUR.

NOTA. — Sur les ouvrages composant le présent catalogue, il sera fait une remise de 10 pour 100 lorsqu'ils seront pris au bureau.

Les commandes de 20 à 50 fr. seront expédiées *franc de port* jusqu'au bureau et station des Chemins de fer, des Messageries Générales et Impériales les plus rapprochés de la résidence des demandeurs.

En outre de l'envoi *franc de port*, les commandes de 51 fr. jouiront de la remise de 5 pour 100, et il sera fait une remise de 10 pour 100 sur celles de 51 à 100 fr.

Je me charge aussi de fournir aux mêmes conditions tous les ouvrages qui me seront demandés, ainsi que les ouvrages neufs ou d'occasion, d'Agriculture et de Jardinage qui ne sont pas portés sur le présent catalogue.

---

15 Avril 1855.

Ouvrages de M. Robinet,

Membre de la Société centrale d'Agriculture, professeur de sériciculture.

PROCÉDÉ POUR LE BATTAGE DES COCONS. In-8. 1 50

VENTILATION DES MAGNANERIES. In-8. 3 »

QUATRE MÉMOIRES SUR LE MURIER. In-8. 1 50

LA MUSCARDINE, des causes de cette maladie et des moyens d'en préserver les vers à soie. In-8. 3 »

SOIE (*Mémoire sur la filature de la*). In-8, 7 pl. 4 50

SOIE (*Mémoire sur la formation de la*). In-8. 1 50

VERS A SOIE (*Éducation des*). 1 vol. in-8. 4 50

RECHERCHES SUR LA PRODUCTION DE LA SOIE EN FRANCE. 1 vol. in-8. 5 »

Ouvrages de M. Leroy-Mabile.

SUR LE MOYEN DE GUÉRIR LA POMME DE TERRE par la plantation d'automne, et d'en obtenir des récoltes plus abondantes et plus hâtives. Brochure in-8. « 75

LA POMME DE TERRE RÉGÉNÉRÉE PAR LA MATURITÉ, ouvrage appuyé de sept années d'observations. In-8. 1 »

RECHERCHES SUR LA POMME DE TERRE depuis 1768; sa dégénération et sa régénération progressives prouvées par les faits. Brochure in-8. 1 50

EXAMEN DE LA THÉORIE DE M. PAYEN SUR LA MALADIE DE LA POMME DE TERRE. Brochure in-8. » 75

LA VIGNE GUÉRIE PAR ELLE-MÊME. In-8. 1 »

Ouvrages de M. le comte de Gourcy.

VOYAGE AGRICOLE *en Belgique* et dans plusieurs départements de la France, suivi de quelques articles extraits des journaux d'agriculture anglais. 1 vol. in-8. 3 50

SECOND VOYAGE *en Belgique*, *en Hollande* et dans plusieurs départements de la France. In-8. 4 50

NOTES EXTRAITES *d'un voyage agricole dans l'ouest, le sud-ouest, le midi et le centre de la France et le nord de l'Espagne*. In-8. 1 50

NOTES AGRICOLES extraites des divers journaux anglais. In-8. 1 50

PROMENADES AGRICOLES dans le centre de la France. In-8. 1 50

ITINÉRAIRE destiné aux cultivateurs du continent qui désirent connaître l'agriculture anglaise. In-8. » 50

VOYAGE AGRICOLE *en France, Allemagne, Hongrie, Bohême, Belgique*, 1 vol. in-18. 3 50

BIBLIOTHÈQUE RURALE

PUBLIÉE PAR LES RÉDACTEURS DE L'AGRICULTEUR PRATICIEN.

Ouvrages en vente :

DRAINAGE. L'art de tracer et d'établir les drains, par J. GRANDVOINNET, ingénieur, professeur de génie rural à Grignon. 1 vol. in-18, avec 150 fig. dans le texte. 3 »

TRAITÉ ÉLÉMENTAIRE DES CHAMPIGNONS COMESTIBLES ET VÉNÉNEUX, par DUPUIS, professeur de botanique à Grignon. 1 vol. in-18 avec huit planches coloriées. 1 75

TRAITÉ COMPLET D'ALCOOLISATION GÉNÉRALE, GUIDE DU FABRICANT D'ALCOOLS, renfermant la marche à suivre pour obtenir l'alcool de toutes les substances alcoolisables; etc., par N. BASSET. 1 vol. in-18 avec dessins dans le texte, 6 gravures sur cuivre et 9 tableaux. 6 fr.

AMENDEMENTS ET PRAIRIES, *Traité populaire* extrait des œuvres de Jacques BUJAULT. 1 vol. in-18. » 60

DU BÉTAIL EN FERME, *Traité populaire* extrait des œuvres de Jacques BUJAULT, 1 vol. in-18. » 60

LE FUMIER DE FERME ÉLEVÉ A SA PLUS HAUTE PUISSANCE DE FERTILISATION *et n'étant plus insalubre*, par QUENARD, 2e édition in-18. 1 25

TRAITÉ PRATIQUE DE LA CULTURE ET DE L'ALCOOLISATION DE LA BETTERAVE, résumé complet des meilleurs travaux faits jusqu'à ce jour sur la Betterave et son alcoolisation, par N. BASSET, 1 v. 2 »

SYSTÈME GUÉNON *en forme de Catéchisme*, à l'usage des élèves des fermes-écoles, par Anacharsis COMBES. In-18. » 30

GUIDE DU PISCICULTEUR, d'après des notes et des documents fournis par J. RÉMY, pêcheur de la Bresse, et publiés par le Dr HAXO. 1 vol. in-18 avec grav. 1 50

GUIDE DE L'ÉLEVEUR DE POULES, POULETS, etc, par ALIBERT, professeur de zootechnie, à Grignon. 1 vol. in-18. 75 c.

GUIDE DE L'ÉDUCATEUR DE LAPINS, ou *Traité de la race Cuniculine*, par MARIOT-DIDIEUX, 1 vol in-18. » 75

GUIDE DE L'ÉLEVEUR D'ABEILLES, par DE FRARIÈRE. In-18 avec figures. » 75

GUIDE DE L'ÉLEVEUR DE PIGEONS DE COLOMBIER ET DE VOLIÈRE, par MARIOT-DIDIEUX. 1 vol. in-18. » 75

GUIDE DE L'ÉLEVEUR DE DINDONS ET DE PINTADES, par le même. In-18. » 75

PETIT TRAITÉ DE IRRIGATIONS, par James BONALD, traduit par A. DE FRARIÈRE. 1 vol. in-18 avec gravures. » 50

VISITE A UN VÉRITABLE AGRICULTEUR-PRATICIEN, par DURAND-SAVOYAT, propriétaire-cultivateur. 1 vol. in-18. 1 25

DU MAIS, de sa culture et des divers emplois dont il peut être susceptible, par W. KEENE et A. DE THIER. In-18. » 30

AGRICULTURE.

Abeilles (*Calendrier de l'éleveur d'*) par A. de Frarière. in-18 (*sous presse*).

Abeilles (*Manuel de l'éducateur d'*), par De Frarière. In-18. 3 50

Abeilles (*Guide de l'éleveur d'*), par De Frarière, 1 vol. in-18 avec figures. 75 c.

Abeilles (*Le conservateur ou la culture perfectionnée des*), d'après les méthodes les plus récentes et avec application de celle de Nutt. In-8, avec 3 pl., 1843. 1 50

Agriculteur praticien (L'), *Revue de l'agriculture française et étrangère*, 2e année. Prix de l'abonnement. 6 fr.

La 1re année. 6 fr.

Agriculture (*Manuel populaire d'*), par Vigneral, 1 vol. in-8. 1 25

Agriculture (*Cours d') théorique et pratique*, et notice sur les chaulages de la Mayenne, par Jamet. 1 vol. in-12. 3 fr.

Agriculture du centre. Ouvrage où l'on enseigne le moyen de supprimer la jachère et de créer rapidement une grande quantité de fourrages dans les sols siliceux de la plus mauvaise nature, par Cancalon. 1 vol. in-8. 2 50

Agriculteur (*l'*) *praticien*, par V.-P. Rey, président de la Société d'agriculture d'Autun. In-12. 2 fr.

Agriculture (*Manuel d'*), par demandes et par réponses, à l'usage des écoles primaires et des propriétaires ruraux, par Bruno. In-18. 1 fr.

L'abrégé du même ouvrage. 40 c.

Agriculture (*Manuel élémentaire d'*), à l'usage des écoles primaires des départements de la Meuse, de la Meurthe, de la Moselle et des Ardennes, par L. Gossin. 1 vol. in-18. 1 fr.

Ouvrage couronné par la Société centrale d'Agriculture.

Agriculture pratique (*Cours complet d'*), par Burger, Pfeil, Rohlwes, etc.; traduit de l'allemand par Noirot; suivi d'un traité sur les vers à soie et la culture du mûrier, par Bonafous. 1 vol. in-4. 10 fr.

Alcoolisation générale (*Traité complet d'*), Guide du fabricant d'alcools, par N. Basset. 1 vol. in-18. 6 fr.

Almanach de la ferme pour 1855, par Basset, 1re année. 1 vol. in-18. 50 c.

Amendements et engrais (*Petit traité des*), par P. A. de Thier. 1 vol. in-18 complété avec des notes extraites de l'*Agriculteur praticien* (*sous presse*). » »

Amendements et Prairies. *Traité populaire extrait des œuvres de* Jacques BUJAULT. 1 vol. in-18. 60 c.

Amendements (*Traité des*), par Puvis. 2e édit. 1 vol. in-12. 3 fr.

Ampélographie rhénane, ou description des cépages les plus cultivés dans la vallée du Rhin, et dans plusieurs contrées viticoles de l'Allemagne méridionale, par J.-L. Stoltz. 1 vol. in-4, orné de 32 pl., fig. noires, 15 fr.; — figures coloriées. 25 fr.

Animaux (*Recherches expérimentales sur l'alimentation et la respiration des*), par J. Allibert, professeur de zootechnie à Grignon. In-8, accompagné d'un tableau et d'un modèle d'appareil. 1 50

Apiculteur (*Guide de l'*), par DEBEAUVOYS, 4e édit. 1 vol. in-18 avec figures. 2 fr.

Bétail en ferme (*du*), extrait des œuvres de JACQUES BUJAULT. 1 vol. in-18. 60 c.

Bêtes à laine (*Manuel de l'éleveur de*). Notions pratiques sur le choix, l'élevage, le bon entretien et les maladies de ces animaux domestiques, par ROCHE-LUBIN. 1 vol. in-18. 2 50

Betterave (*Traité pratique de la culture et de l'alcoolisation de la*), par N. BASSET. 1 vol. in-18. 2 »

Betteraves (*Traité pratique de la culture des différentes espèces de*), procédé pour les conserver par la dessiccation, etc., tr. de l'allem. par SARRAZIN. In-8. 2 fr.

Blé (*18 millions d'hectolitres de*) *pour rien*, ou conseils aux agriculteurs français, par JACQUIN aîné, in-8. 50 c.

Bœufs (*Art d'engraisser les*), les vaches et les veaux, par BAURIN. 50 c.

Bois (*Culture et exploitation des*), par J.-B. THOMAS. 2 vol. in-8, 15 fr.

Bois (*Des qualités et de l'usage du*) sous le rapport économique et industriel. In-18. 25 c.

Bois (*De la culture et de l'aménagement des*). In-18. 25 c.

Bois (*Traité du cubage des*) et tarifs métriques pour cuber les bois carrés ou de charpente, les bois en grume au 5e et au 6e réduit, par GUSSOT. In-8. 40 c.

Bois (*Traité du cubage des*) ou tarifs pour cuber les bois carrés ou de charpente, les bois en grume au 5e et au 6e réduit, in-8, 4e éd. 1 25

Cailles d'Europe (*Instruction pratique pour élever les*), d'Amérique (ou colins), les **Perdrix grises et rouges**, par l'abbé ALLARY. 1 vol. in-18, avec figures dans le texte. 1 25

Calendrier du bon cultivateur, par MATTHIEU DE DOMBASLE, 9e édit. 1 vol. in-12 avec pl. 4 75

Canards (*Nouvel art d'élever, de multiplier et d'engraisser les*), par F. ROUTILLET. In-18. 50 c.

Canne à sucre de la Martinique (*Recherches sur la composition chimique de la*), par E. PELIGOT. In-8. 1 fr.

Catéchisme Agricole à l'usage des écoles rurales, par M. GREFF. Ouvrage approuvé par le Comice agricole de Metz. 3e édit. 1 vol. in-18, cartonné. 50 c.

Céréales (*Question des*), son importance, ses rapports avec les institutions du Crédit Foncier et des Caisses de Retraites, sa solution, par PAUL TROY. 1 vol. in-18. 3 »

Champignons comestibles et vénéneux (*Traité élémentaire des*), par DUPUIS, professeur de botanique à Grignon, 1 vol. in-18, avec 8 planches coloriées. 1 75

Chevaux (*Traité du tic des*) et de la vieille courbature (*maladie ancienne de poitrine*), ou procédés simples et pratiques pour guérir ces deux vices, par FRÉDÉRIC BONNEVAL, médecin-vétérinaire. In-12 avec une gravure. 1 25

Chèvres (*L'art d'élever les*) *et de les faire produire*, suivi de la fabrique des fromages. In-18. 50 c.

Chimie (*Leçons de*) **appliquées à l'Agriculture**, par E. GUÉRANGER. 1 vol. in-8. 7 fr.

Chimie agricole (*Analyse des cours de*), professés en 1851, 1853 et 1854, par MALAGUTI, à la Faculté des Sciences de Rennes. 3 v. in-18. 3 fr.

Conseils aux Agriculteurs sur les moyens de prévenir l'indigestion gazeuse, connue dans nos campagnes sous le nom d'enflure des vaches, par Mathurin Papin, médecin-vétérinaire. In-18. 30 c.

Conseils aux cultivateurs bretons, sur *l'hygiène des animaux domestiques*, ou connaissance des moyens de les entretenir et conserver en santé, par Mathurin Papin, médecin-vétérinaire. I vol. in-12. 1 75

Coupes sombres (*des*) et des coupes claires, par J.-B. Thomas. In-8. 50 c.

Cultivateur Aveyronnais (*Guide pratique du*) sur l'hygiène et le traitement des maladies du bétail, par Roche-Lubin. Ouvrage couronné par la Société centrale d'Agriculture de l'Aveyron. 1 vol. in-8. 1 50

Cultivateur (*Manuel du*) à l'usage des fermes-écoles et des établissements d'instruction, par Lefour, inspecteur général de l'agriculture.

1er vol. Arithmétique et Comptabilité agricole. 1 25
2e vol. Agriculture, 1re partie, Sol et Engrais. 1 25
3e vol. Géométrie agricole. 1 25
4e vol. Animaux domestiques, 1re partie. 1 25
5e vol. *Id.* *Id.* 2e partie 1 25

Cuisinière (*La*) **de la ville et de la campagne** ou nouvelle cuisine économique, par L. E. A. 32e édit. 1 vol. in-12 avec 300 fig. 3 fr.

Dictionnaire (*nouveau*) **d'Agriculture pratique**, publié par une société d'Agriculteurs et de Légistes sous la direction de M. Daunassans, propriétaire-cultivateur, 1 vol. in-8. 12 »

Dindons et Pintades (*Guide de l'éleveur de*) par Mariot-Didieux. 1 vol. in-18. 75 c.

Distilleries agricoles (*Notice sur les*) de betteraves et autres plantes, système Champonnois. Brochure in-8. 1 25

Drainage (*Du*) par M. le comte de Vigneral, in-18. 75 c.

Drainage (*Instructions sur le*), publiées sous les auspices de la commission hydraulique de la Sarthe. In-12, 2e édition. 75

Drainage (*Du*), par Félix Réal. In-18. 25 c.

Drainage. L'art de tracer et d'établir les drains, par Grandvoinnet, ingénieur, professeur de génie rural à Grignon. 1 vol. in-18, avec 150 figures dans le texte. 3 »

Droit rural (*Dialogues sur le*) par Valserres. 1 vol. in-12. 60 c.

Employé de l'octroi (*Manuel de l'*) contenant des notions sur l'orthographe, l'arithmétique, la géométrie ; des examens sur le toisé, des instructions sur la jauge ; la législation, le tarif des droits, le contentieux et 35 modèles de procès-verbaux. 2 vol. in-8. 15 fr.

Engrais (*Des*) ou l'art d'améliorer les plus mauvaises terres par les amendements et les engrais de toute nature, par Ducoin, 1 v. in-18. 1 25

Engrais azotés (*Des*) par de Gasparin, extrait par Gueymard, avec un tableau comparatif de la puissance de 119 engrais. In-18. 25 c.

Engrais (*des*) en général et spécialement de la manière de traiter les fumiers et le purin pour en conserver toute la valeur fertilisante suivie de la manière de traiter les matières fécales, par M. Greff. In-8. 40 c.

Engrais (*Traité critique et pratique du commerce, du contrôle et de la législation des*), par F. S. de Sussex. 1 vol. in-8. 2 fr.

Engraissement du gros bétail et des veaux, porcs, bêtes à laine et volailles, par Evon. 1 vol. in-8. 3 fr.

Engraissement (*Observations et conseils pratiques sur l'*) des veaux, des vaches et des bœufs, par Favre d'Evire. 1824, in-8. 75 c.

Enseignement de l'agriculture (*Guide de l'*), considérée comme profession, par THAER, traduit par SARRAZIN. 1 vol. in-12. 2 50

Faisans (*L'art d'élever et de multiplier les*) par A. VERGUET. In-12, fig. noires, 50 c. — fig. col. 75 c.

Fécondation (*de la*) et de l'éclosion artificielles des œufs de poissons et de l'éducation du frai suivant le procédé de MM. GEHIN et REMY, par GODENIER. In-8. 1 fr.

Fécondation artificielle et éclosion des œufs de poissons, par le docteur HAXO. Brochure in-8. 2 50

Fécondation et Eclosion artificielle des œufs de poissons et éducation du frai. In-18. 25 c.

Forêts (*Traité pratique de l'estimation des*) et de l'exploitation des bois de charpente, par MM. FÉLIX et THÉOPHILE CHALLETON. 1 vol. in-8, autographié. 3 fr.

Fumiers considérés comme engrais (*Des*), par GIRARDIN. 5e édit. 1 vol. in-16, avec 11 fig. 1 25

Fumier de ferme (*Le*) élevé à sa plus haute puissance de fertilisation et n'étant plus insalubre, par QUENARD, propriétaire-agriculteur. 1 vol. in-18, 2e édit. 1 25

Géologie (*Manuel élémentaire de*), par NÉRÉE BOUBÉE. 1 vol. in-18. 2 50

Géologie appliquée aux arts et à l'agriculture, par d'ORBIGNY et GENTE, 1 vol. in-8. 10 fr.

Gibier (*Art de multiplier le*), et de détruire les animaux nuisibles. In-12, 12 pl. gravées. 2 fr.

Grains (*Traité sur la vente des*) à la mesure, au poids de l'hectolitre, ou au quintal métrique, suivi de tableaux appréciateurs de la valeur des grains, suivant la variation de chaque qualité, terminé par un tableau comparateur du prix des grains au quintal métrique, etc., par HUBAINE, in-4 2 50

Grains (*Guide des négociants en*), des minotiers, meuniers et boulangers, par L. BAX, fils aîné. In-8. 2 fr.

Hygiène publique (*Précis d'*), ou notions élémentaires sur les moyens de conserver la santé, suivie d'application à la médecine usuelle, par JULES LEBÈLE. 1 vol. in-18. 1 50

Irrigations (*Petit traité des*), par JAMES DONALD, traduit par A. DE FRARIÈRE, in-18 avec figures. 1 50

Irrigations (*Guide pratique pour les*), le drainage et la culture des oseraies, suivi des lois qui les concernent, par P.-J BRASSART. In-18. 50 c.

Landes de Bretagne (*Mise en valeur des*) par le défrichement et par l'ensemencement en bois, par le général de LOURMEL. In-8. 2 fr.

Lapins (*Guide de l'Éducateur de*) ou *Traité de la race cuniculine*, par MARIOT-DIDIEUX. In-18. 75 c.

Maison de campagne (*La nouvelle*), jardinage, économie de la maison, etc. 1 vol. in-18, cart. 3 »

Maison rustique du XIXe siècle publiée sous la direction de MM. BAILLY, BIXIO et MALEPEYRE. 5 vol. in-4, avec 2500 gravures. 39 50
Chaque volume se vend séparément. 9 fr.

Maïs (*du*), de sa culture et des divers emplois dont il est susceptible, par KEENE et A. de THIER. In-18. 30 c.

Maïs (*du*) ou blé de Turquie et des avantages qu'on pourrait tirer de sa culture en Normandie comme plante fourragère, par PRÉVOST, In-12. 50 c.

Maladies charbonneuses (*Traité sur les*), comparées à la maladie de sang chez les animaux domestiques, par L. Gillet. In-8. 1 50

Manuel d'Horticulture et d'Agriculture, pour le département de la Gironde, publié sous les auspices des Sociétés d'Horticulture et d'Agriculture de la Gironde, par J.-C. Ramey. 1 vol. in-12. 1 75

Meunerie (*Traité pratique de la*), par E. J. Hanon, 1 vol. in-8. de 88 pag. 10 fr.

Meunier (*Le bon*), ou l'art de bien moudre, par J.-P. Moreau. Brochure in-8, 2e édit. 1 75

Mécanique agricole (*Traité complet de*), par J. Grandvoinnet, ingénieur, professeur de génie rural à Grignon. Ouvrage destiné aux élèves des écoles d'agriculture et des écoles normales primaires, aux fermiers, aux propriétaires et aux constructeurs d'instruments. — Cet ouvrage paraîtra simultanément en trois séries de la manière suivante :

PREMIÈRE SÉRIE.

1re *livraison.* — Du mouvement et de ses causes.
4e *livraison.* — Des charrues. — *Détails* et modèles divers.

DEUXIÈME SÉRIE.

2e *livraison.* — Des forces et de leur travail.
5e *livraison.* — Des instruments de division et de compression du sol. — Des instruments propres à la récolte : moissonneuses, charrettes, chariots, etc.

TROISIÈME SÉRIE.

3e *livraison.* — Mécanique matérielle : de l'assujettissement et des machines simples.
6e *livraison.* — Des instruments pour la préparation des récoltes : machines à battre, tarares, trieurs, coupes-racines, concasseurs.

La publication est faite ainsi dans le but d'allier la théorie à la pratique et de satisfaire à l'ordre de l'enseignement suivi à l'École impériale d'agriculture de Grignon.

Chaque série, non divisible, sera du prix de 3 fr. 50.

Moniteur Agricole, publié par M. Magne, professeur à l'école vétérinaire d'Alfort, pendant les années 1848, 49 et 50. — 5 vol. in-8°, avec un grand nombre de lithographies. 10 fr.

Mouches à Miel (*Traité sur les*), suivi des procédés pour faire le miel et la cire avec divers modèles de Ruches, par Bonnardel. In-8. 1 50

Moudre (*L'art de*), ou mémoire sur les moyens employés pour empêcher que la chaleur produite par la pression et le frottement des meules, soit préjudiciable à la farine, par A. Van Lerberghe. In-8. 1 50

Moutons (*Nouvel art d'élever, de multiplier et d'engraisser les*), par J. Morel. In-18. 50 c.

Mûrier (*De la culture du*), par Boyer et de Labaume. 1 vol. in-8, contenant 5 grav. représentant les divers modes de taille, et les mûriers avant et après chaque taille. 3 fr.

Mûriers (*Instruction sur la culture des*). In-18. 25 c.

Muscardine (*Études sur la*) maladie des Vers à Soie faites à la Magnanerie expérimentale de Sainte-Tulle, par F. Guérin-Méneville et Eugène Robert. 1 vol. in-8. 3 »

Oies (*La vraie manière d'élever, de multiplier et d'engraisser les*), par C.-L. Benoit. In-18. 50 c.

Oiseaux de basse-cour (*Manuel de l'éleveur d'*) et de **Lapins**, par Mme Millet-Robinet, 2e édit. 1 vol. in-12 avec gravures. 1 25

Paysans (*Les*) **français**, considérés sous le rapport économique, agricole, médical et administratif, par Anacharsis Combes, président du Comice agricole de Castres et Hippolyte Combes, docteur-médecin. 1 vol. in-8. 6 fr.

Pêcheur (*Le*) **Français**, Traité de la pêche à la ligne en eau douce, par C. Karst aîné, in-12, 5e éd. 5 fr.

Pigeons de colombier et de volière (*Guide de l'éleveur de*), par Mariot-Didieux, in-18. 75 c.

Pisciculteur (*Guide du*), d'après des notes et documents fournis par J. Remy, pêcheur de la Bresse, recueillis, rédigés et publiés par le docteur Haxo. In-18, avec gravures. 1 50

Pisciculture. Rapport sur le repeuplement des cours d'eau et sur les travaux de pisciculture de M. Millet, suivi des *Études sur les Fécondations artificielles des œufs de poissons*, par MM. de Quatrefages et Millet. In-8. 1 25

Pisciculture (*Éléments de*) ou résumé des expériences faites au château de Maintenon, par Isidore Lamy. 1 vol. in-18, avec fig. 1 25

Planteur (*Manuel du*). Du reboisement, de sa nécessité et des méthodes pour l'opérer avec fruit et économie, par H. de Bazelaire. 1 vol. in-12. 1 25

Police rurale (*Manuel de*); ouvrage utile aux fonctionnaires publics et aux propriétaires, par Thiroux, 3e édit., 1 vol. in-18. 2 fr.

Pommes de Terre (*Culture et conservation des*). In-18. 25 c.

Pommes de Terre (*Maladie des*). Découverte des causes; révélations des moyens de remédier au mal, études sur la maladie, par Lefebvre. 1 vol. in-8. 2 50

Pommier à cidre (*Traité pratique de l'éducation et de la culture du*), par Prévost, professeur d'agriculture à Rouen, in-18. 40 c.

Porcs (*Guide de l'éleveur de*), par J. Allibert, professeur de zootechnie à Grignon. 1 vol. in-18 (*sous presse*). » »

Porcheries (*De l'établissement des*), dispositions diverses, construction, par J. Grandvoinnet, professeur de génie rural à Grignon. 1 vol. in-18, avec un grand nombre de figures dans le texte (*sous presse*). » »

Porcs (*Art d'élever, de multiplier et d'engraisser les*), par C. Bailly. In-18. 50 c.

Poules et Poulets (*Guide de l'éleveur de*), par J. Allibert, professeur de zootechnie à Grignon. 1 vol. in-18. » 75

Poules bonnes pondeuses (*Les*) reconnues au moyen de signes certains et indications pratiques pour faire des poulets et des volailles grasses, par L. Prangé, vétérinaire. 1 vol. in-12. 1 75

Poules (*Éducation lucrative des*) ou traité raisonné de Gallinoculture, par Mariot-Didieux, 2 vol. in-12. 4 fr.

Poules (*Instruction sur l'éducation des*), des poulets, des chapons et des poulardes. In-12. 25 c.

Poules (*Nouvel art d'élever les*), les poulets et les chapons, par P. Routillet. 3e édit. in-18. 50 c.

Prairies artificielles (*Essai sur les*), luzerne, trèfle ordinaire, trèfle printanier et sainfoin ou esparcette, par H. Machard, 1 v. in-18. 1 fr.

Prairies naturelles (*Instruction pratique sur la création des*), par Bossin, in-8. 75 c.

Propriétaire architecte, contenant des modèles de maisons de ville et de campagne, des remises, écuries, orangeries, serres, etc.; par U. Vitry, 2 vol. in-4, avec 100 grav. 20 fr.

Proverbes Agricoles du sud-ouest de la France, par Anacharsis Combes. In-8. 1 25

Régulateur général et perpétuel des Boulangeries de France, par Thibault, ancien meunier. In-plano. 2 fr.

Ruche française et *éducation des abeilles*, par Varembey. 1 vol. in-8, avec fig. 3 fr.

Sangsues (*De l'élève et de la multiplication des*), visite aux marais des environs de Bordeaux, par Quenard. In-8. 75 c.

Sangsues. Notice sur le marais de Monsalut (Landes), par Soubeiran, etc., etc. In-8. 75 c.

Sangsues (*Notice sur le marais à*) de Clairefontaine, par E. Soubeiran. In-8. 75 c.

Sel (*Conseils pratiques aux Agriculteurs ou considérations sur les doses, le mode d'emploi et les effets du*), par Quenard. In-8. 1 25

Sol (*Du morcellement du*), par Tissot. 1 vol. in-8. 1 50

Sucre exotique (*Notice sur les améliorations à introduire dans la fabrication du*), par Hotessier. In-8. 1 50

Sucre (*Expériences relatives à la fabrication du*) et à la composition de la canne à sucre, par E. Peligot. In-8. 2 50

Système Guénon en forme de catéchisme, à l'usage des élèves des fermes-écoles, par Anacharsis Combes, président du Comice agricole de Castres, in-18. 30 c.

Tableau indicatif des droits et devoirs des débitants de boissons dans leurs rapports avec la régie. In-plano. 75 c.

Tarif régulateur et perpétuel pour le commerce des blés et farines, par L. Thibault. In-8. 1 50

Taupier (*l'art du*), ou méthode amusante et infaillible pour prendre les taupes, par Dralet. 15e édit., 1 vol. in-12, fig. 1 fr.

Terres siliceuses (*Notions sur la culture des*), à sous-sol imperméable, vulgairement désignées par les noms de *terres blanches, de terres douces, de limons froids*, par Charles Gossin. Brochure in-8. 50 c.

Toisé et de la jauge (*Traité complet du mesurage, du*), indispensable aux commerçants et surtout aux négociants en vins, liqueurs, bois, charbons, etc. 1 vol. in-8, accompagné de 350 tables et 18 planches représentant 120 figures de géométrie, toisé ou jauge. 6 fr.

Trésor des laboureurs (*Le*), adages, maximes et proverbes agricoles, par Ch. Lemaout, 1 vol. in-18. 1 50

Vaches laitières (*Art de choisir les*), par Villet. In-28. 50 c.

Vaches laitières (*Art de gouverner les*), par Villet. In-18. 50 c.

Vaches laitières (*Choix des*). Description de tous les signes à l'aide desquels on peut apprécier les qualités lactifères des vaches, par Magne. In-12. 2 fr.

Vaches laitières (*Des moyens de distinguer les bonnes*), par Evon. Brochure in-8, avec fig. 1 50

Végétaux (*Origine des maladies des*), particulièrement du pommier, de la vigne, de la pomme de terre, de la betterave, du colza, etc., et des animaux herbivores, suivi des moyens d'éviter ces maladies en prévenant par le drainage des terres la vaporisation des eaux corrompues dans le sol, par P. Alliot. In-8. 1 50

Végétaux (*Recherches sur les maladies des*) et particulièrement sur la maladie de la vigne, par Guérin-Méneville. In-8. 25 c.
Extrait de l'Agriculteur praticien.

Vers à soie (*Guide pratique de l'éducateur de*), par MM. Guérin-Méneville et Eugène Robert, directeur de la Magnanerie expérimentale de Ste-Tulle. 1 vol. in-18 avec figures (*sous presse*). » »

Vers à soie (*Conseils aux nouveaux éducateurs de*), par Frédéric de Boullenois. 1 vol. in-8, 2e édit. 3 50

Vers à soie (*Éducation des*), comprenant l'éclosion des œufs, l'éducation des vers à soie, la formation et la récolte des cocons, la conservation de la graine. 2 brochures in-12. 50 c.

Vers à soie (*Éducation des*). Tableau synoptique de toutes les opérations, jour par jour, de l'éducation des vers à soie, 2 pag. in-fol. 25 c.

Vers à soie (*Manière la plus profitable d'élever les*) et sur les moyens de prévenir et guérir la muscardine, par le docteur BASSI, traduit de l'italien, par F. Cazalis, médecin. In-8. 1 fr.

Vigne (*Étude de la maladie de la*), par E. Lapierre-Beaupré. In-12. 1 fr.

Vigne (*Observations sur la maladie de la*), par Marès. In-8. 1 fr.

Vignes (*La maladie des*). Notice contenant quelques observations au sujet d'un rapport à M. le ministre de l'intérieur sur les Vignes malades, par F. Guérin-Méneville. In-18. 75 c.

Vigne (*Étude sur la nouvelle phase de la maladie de la*), par Étienne Lapierre. In-18. 50 c.

Vigne (*Mémoire sur la maladie de la*) et sur le moyen curatif, par Pascal. In-8. 50 c.

Vigne (*Nouveau mode de culture et d'échalassement de la*), applicable à tous les vignobles où l'on cultive les vignes basses, par T. Collignon, 1 vol. in-8, avec 3 pl. 3 fr.

Vigne (*Exposé pratique de la culture de la*) dans les jardins, suivi de l'abrégé de l'éducation pratique du pêcher en espalier sous la forme carrée, par Félix Malot, 1 vol. in-8, avec fig. 2 fr.

Vigne malade (*Guérison de la*), par un nouveau mode de culture, par l'abbé J.-B. Delpy. In-8. 2 fr.

Vigne (*Maladie de la*). In-8. 25 c.

Vins et eaux-de-vie (*Traité du négociant de*), suivi de l'art de faire les liqueurs, par C. Dornat, 1 vol. in-8, de 126 pages et 4 tableaux. 6 50

Vinification (*Traité pratique de*) ou guide des propriétaires, vignerons, négociants, etc., par H. Machard. 2e édit., 1 vol. in-12. 2 fr.

Vins (*Art d'améliorer les*) et de les guérir des diverses maladies qui peuvent les affecter. In-12. 1 25

Visite à un véritable agriculteur praticien, par Durand-Savoyat, propriétaire-cultivateur. 1 vol. in-18. 1 25

Viticulture (*Premières notions de*) et d'œnologie dédiées à la jeunesse des écoles primaires dans les contrées viticoles, par Stoltz. In-18, accompagné de 19 pl. 90 c.

Zootechnie ou science qui traite du choix des animaux domestiques, de leur conservation, de leur rendement et des principales maladies dont ils peuvent être affectés, par Ch. Knoll aîné, vétérinaire, 2 vol. grand in-8, avec un grand nombre de gravures. 12 fr.

BIBLIOTHÈQUE DE L'HORTICULTEUR

ET DE L'AMATEUR.

OUVRAGES PUBLIÉS.

Arboriculture (*Pratique raisonnée de l'*), par PICOT-AMETTE, horticulteur. 1 vol. in-18, avec 12 planches. 2 50

Arbres fruitiers (*Instruction élémentaire sur la taille des*), par LACHAUME, ancien jardinier en chef de Petit-Bourg. 1 vol. in-18, orné de 20 figures dans le texte. » 75

Asperges (*Instruction pratique sur la plantation des*), par BOSSIN, 2e édition. 1 vol. in-18. » 75

Camellias (*Traité de la culture des*), par J. DE JONGHE, 2e édition. 1 vol. in-18. 1 25

JARDINAGE.

Almanach (*Petit*) du Jardinier-Fleuriste, pour 1855, 2e année. 1 vol. in-18. 50 c.

Almanach (*Petit*) du Jardinier- Potager, pour 1855. 2e année; 1 vol. in-18. 50 c.

Ce petit ouvrage a été couronné par la Société impériale d'Horticulture de la Seine-Inférieure

Arboriculture (*Cours élémentaire et pratique d'*) par A. DUBREUIL. 3e édit. 2 vol. in-18. 9 fr.

Arboriculture (*Cours pratique d'*), par L. GAUDRY. 1 vol. in-12 avec fig. 2 25

Arbres fruitiers (*Instruction élémentaire sur la conduite des*), par DUBRUEIL. 1 vol. in-18, fig. 2 »

Arbres fruitiers (*Cours théorique et pratique de la taille des*), par DALBRET. 8e édition. 1 vol. in-8 avec 55 fig. grav. 5 fr.

Arboriculture (*Pratique raisonnée de l'*), par PICOT-AMETTE, horticulteur. 1 vol. in-18, avec 12 planches. 2 50

Arbres fruitiers (*Instructions élémentaire sur la taille des*), par LACHAUME, ancien jardinier en chef de Petit-Bourg. 1 vol. in-18; orné de 20 figures dans le texte. » 75

Arbres fruitiers (*Instruction élémentaire sur la conduite et la taille des*), par CROUX. In-8 avec fig. 3 50

Le catalogue général et prix courant des arbres fruitiers, etc., de CROUX. 1 fr.

Arbres fruitiers (*Taille raisonnée des*) et autres opérations relatives à la culture, par C. BUTRET. 19e éd. 1853. In-12 fig. 2 fr.

Arbres fruitiers (*Pratique raisonnée de la taille des*) et de la vigne; par COSSONET. 1 vol. in-8 avec 21 planches. 5 fr.

Arbres fruitiers (*Taille raisonnée des*), suivi de la description des greffes les plus usitées, par J.-A. HARDY. 1 vol. in-8 avec fig. dans le texte. 5 50

Arbres (*Traité élémentaire de la taille des*), par Ch. Ramey, ouvrage couronné par la Société d'horticulture de la Gironde, 1 vol. in-12 orné de 32 fig. 1 f. 50 c.

Asperges (*Instructions pratique sur la plantation des*), par Bos-. 2e édition. 1 vol. in-18. 75 c.

Asperges (*Traité complet de la culture naturelle et artificielle des*), par Loisel. 1 vol. in-12. 1 25

Bon Jardinier (*le*), pour 1854, par Poiteau, Vilmorin, Decaisne, Neumann, Pépin. 1 vol. in-12. 7 fr.

Bon Jardinier (*Figures de l'Almanach du*), par Decaisne, et Heincq, 47e éd. 632 grav. et 45 pl. 1 vol. in-12. 7 fr.

Botaniste (*Petit manuel du*) et de l'herboriste accompagné de planches explicatives et suivi de quelques principes de médecine, de pharmacie et d'économie domestique, par L. F., F. M. et P. M. 2e édit. 1 vol. In-12. 1 75

Boutures (*Notions sur l'art de faire les*), par Neumann. 3e édition. 1 vol. avec 31 figures 2 fr.

Broméliacées (*Traité de la culture des*), par J. de Jonghe, In-18 (*Sous presse.*)

Camellias (*Traité de la culture des*), par J. de Jonghe, 2e édit. 1 vol. in-18. 1 25

Camellias (*des genres*) **Rhododendrum Azalea, Acacia, Epacris, Erica**, et des plantes de serres froides en général, par Lemaire. 1 vol. in-12 2 fr.

Catalogue raisonné et précédé d'instructions sur la plantation, la taille des arbres fruitiers, arbustes et rosiers cultivés chez Jamain et Durand. In-4. 1 50

Champignons (*Traité pratique de la culture des*), par Salle, in-18. 1 fr.

Culture maraîchère (*Manuel pratique de*), par Courtois-Gérard, 2e édit. in-12, avec grav. 3 50

Fécondation naturelle et artificielle (*de la*) **des végétaux et de l'hybridation,** considérée dans ses rapports avec l'horticulture, l'agriculture et la sylviculture; par Lecoq. 1 vol. in-12. 3 50

Fleurs (*Album de*) annuelles et vivaces publié par livraisons, par Vilmorin-Andrieux. Prix de la liv. 4 fr.

5 liv. sont en vente. Chaque liv. se vend séparément.

Fleurs (*Instructions pour les semis de*), de pleine terre, avec l'indication de leur couleur, époque de floraison, culture, etc, par Vilmorin-Andrieux. 2e édit. in-16. 75 c.

Flore des plantes de pleine terre, ou descriptions et figures des plantes les plus méritantes en ce genre, par MM. Tollard frères, horticulteurs.

La *Flore des Plantes de pleine terre* sera publiée en 150 livraisons.

Chaque livraison sera composée de deux gravures et de huit pages de texte, grand in-8, à deux colonnes, imprimés sur papier glacé.

Le prix de la livraison est de 1 fr. 75 c. — Les 1res livr. sont en vente.

Flore d'Alsace et des contrées limitrophes, par F. Kirschleger. Tome 1er comprenant les *Plantes dicotyles pétalées*. 1 vol. in-12. 8 50

Fuchsia (*Le*), son histoire et sa culture, in-12. 1 25

Flore du Dauphiné, par Mutel. 2e édition, 3 vol. in-16. 13 25

Greffe (*Traité complet de la*), contenant la description de 135 espèces de greffes; par Louis Noisette. 1 vol. in-12, avec 6 planches. 2 50

Horticulteur français (*L'*), journal des amateurs et des intérêts horticoles, sous la direction de F. Hérincq.

L'Horticulteur français paraît le 1er de chaque mois, par livraison de 24 pages grand in-8. et de 2 pl. color.

		Paris.	Province.
Prix de l'abonnement :	Pour 1 an, fig. col.	10 f.	11 f.
	— sans fig.	5	6

Jardinage (*Manuel pratique de*), par Courtois-Gérard, 4e édit. 1 vol. in-12. 3 50

Jardinier (*Manuel complet du*) maraîcher, pépiniériste, botaniste, fleuriste et paysagiste; par Louis Noisette. 2e édit. 4 vol. in-8, et supplément. 30 fr.

Jardinier des fenêtres (*Le*), *des Appartements et des petits Jardins;* 3e édit., par Mme Millet-Robinet. 1 vol. in-12. 1 75

Jardins (*Traité de la composition et de l'ornement des*), avec 161 pl. représentant, en plus de 600 fig. des plans de jardins des fabriques propres à leur décoration, et des machines pour élever les eaux. 5e édit. 2 vol. in-4, oblong. 25 fr.

Légumes (*Album de*), publié par livraisons, par Vilmorin-Andrieux. Prix de la livraison. 3 fr.

5 liv. sont en vente. Chaque liv. se vend séparément.

Melon (*Monographie complète du*), par Jacquin aîné. 1 vol. gr. in-8, avec 33 pl. grav. fig. noires. 7 50. — Figures coloriées. 15 fr.

Melons (*Traité complet de la culture des*), par Loisel. 3e édit. 1 vol. in-12. 1 25

Œillets (*Traité de la culture des*), par Ragonot-Godefroy. In-12 fig. 2e édit. 1 25

Pelargonium (*Traité de la culture du*), par J. de Jonghe, 2e édit. (*Sous presse*).

Pelargoniums (*Traité complet de la culture des*), des Calcéolaires, des Verveines et des Cinéraires, par Chauvière et Lemaire. 1 vol. in-18. 2 50

Pêcher (*Annuaire du*), par J. Grosset. Brochure in-32. 75 c.

Pêcher en espalier carré (*Pratique raisonnée de la taille du*), par Al. Lepère. 1 vol. in-8, fig. 4 fr.

Pensée (*La*), **la Violette, l'Auricule** ou oreille d'Ours, **la Primevère.** Histoire et culture, par Ragonot-Godefroy. 1 vol. in-18, avec fig. col. 2 fr.

Plantes bulbeuses (*Essai sur la culture générale des*), par Lemaire. 1 vol. in-18. 3 50

Plantes de terre de bruyère (*Traité pratique pour la culture des*), par V. Paquet. 1 vol. in-18. 3 50

Poirier (*Taille du*) **et du Pommier** en fuseau, par Choppin. 1 vol. in-8, fig. 4e édition. 3 fr.

Poiriers (*Traité spécial de la taille des*) en quenouilles rangés en 3 catég. selon les espèces et leur fécondité, par Lasnier, in-8, avec pl. 1 fr.

Pomone française (*La*), Traité de la culture et de la taille des arbres fruitiers; suivi d'un traité de physiologie végétale, par Lelieur, 3e édition. 1 vol. in-8 et 15 planches gravées. 7 50

Reine-Marguerite (*Culture de la*), par MALINGRE, horticulteur. Brochure in-18. 30 c.

Rose (*La*), histoire, culture, poésie, par P.-L.-A. LOISELEUR-DESLONGCHAMPS. 1 vol. in-12, fig. 3 50

Serres (*Art de construire et de gouverner les*), par NEUMANN, chef des serres au Jardin des Plantes. 2e édit. 1 vol. in-4, avec 23 planches gravées. 7 fr.

Thermosiphon (*Pratique de l'art de chauffer par le*) avec un article sur le **Calorifère à air chaud**, par A***. 1 vol. in-4, avec 21 pl. grav. 6 fr.

PUBLICATIONS DIVERSES.

Les abonnements à ces publications sont reçus à la Librairie centrale d'Agriculture, etc.

Belgique horticole (*la*) Journal des Jardins, des serres et des vergers, par C. MORREN, 2ᵉ année, publiée par livraisons mensuelles de 2 feuilles in-8 et 2 gravures coloriées. Prix de l'abonnement. 16 50

Camellias (*Nouvelle Iconographie des*), contenant les figures et la description des plus rares, des plus nouvelles et des plus belles variétés de ce genre, par A. VERSCHAFFELT, horticulteur. 12 livraisons par an. Prix de l'abonnement. 26 fr.

Flore des serres et des jardins de l'Europe. Description et figures des plantes les plus rares et les plus méritantes, nouvellement introduites sur le continent ou en Angleterre, paraissant tous les mois en un cahier grand in-8 composé de dix planches coloriées et de 32 pages de texte avec gravures sur bois. Ouvrage publié sous la direction de L. VAN HOUTTE. — Prix de l'abonnement. 38 fr.

Journal d'Agriculture pratique d'économie forestière, d'économie rurale et d'éducation des animaux domestiques du Royaume de Belgique, par CH. MORREN. 6ᵉ année, publiée par livraisons mensuelles avec pl. col. portraits et grav. dans le texte. Prix de l'abonnement. 15 fr.

Pomologie (*Annales de*) publiées par livraisons de planches grand in-8 avec texte, rédigées par MM. DE BAVAY, BIVORT, etc. — Prix de l'abonnement, pour 12 livraisons, rendues franc de port :

édition sur papier ordinaire	26 fr.
— grand papier	38

Bulletin mensuel de la Société zoologique d'acclimatation, fondée le 10 février 1854. Ce bulletin paraît à la fin de chaque mois. Prix de l'abonnement pour l'année :

Paris.	12 fr.
Départements.	14

Les abonnements commencent au mois de mars de chaque année.

Le petit Poucet, *journal des enfants*, paraissant tous les mois, illustré de jolies gravures sur bois et orné d'images ou dessins explicatifs coloriés; petites modes pour les enfants, broderies, tapisseries, uniformes des armées françaises et étrangères. Prix de l'abonnement :

Départements et Paris	5 fr.

Les abonnements datent du 1ᵉʳ janvier de chaque année.

Le Mans. — Imp. de Julien, Lanier et C.

BIBLIOTHEQUE NATIONALE DE FRANCE
3 7531 05083803 7

www.ingramcontent.com/pod-product-compliance
Ingram Content Group UK Ltd.
Pitfield, Milton Keynes, MK11 3LW, UK
UKHW020342180726
13839UKWH00002B/874